엄마와 아이를 위한

마음 챙김

엄마와 아이를 위한

마음 챙김

초판 1쇄 발행 2019년 4월 25일

지은이 김소정
펴낸곳 글라이더 **펴낸이** 박정화
등록 2012년 3월 28일(제2012-000066호)
주소 경기도 고양시 덕양구 화중로 130번길 14(아성프라자 601호)
전화 070)4685-5799 **팩스** 0303)0949-5799 **전자우편** gliderbooks@hanmail.net
블로그 http://gliderbook.blog.me/
ISBN 979-11-86510-95-7 03590

이 도서의 국립중앙도서관 출판예정도서목록(CIP)은 서지정보유통지원시스템
홈페이지(http://seoji.nl.go.kr)와 국가자료공동목록시스템(http://www.nl.go.kr/
kolisnet)에서 이용하실 수 있습니다.(CIP제어번호: CIP2019013002)

글라이더는 존재하는 모든 것에 사랑과 희망을 함께 나누는 따뜻한 세상을 지향합니다.

엄마와 아이의 마음을 들여다보는 시간

엄마와 아이를 위한

마음 챙김

김소정 지음

글라이더

엄마,
당신은 행복하신가요?

지금도 아이가 어렸을 때 잠이 들지 않고 보채는 아이를 안고 이 방 저 방 서성이며 잠을 재웠던 것이 기억납니다. 동요 '섬집 아기' 는 아이를 재울 때면 제 애창곡이 되곤 했습니다. 아직도 그 노래를 들으면 그때의 내가 생각나 짠한 마음이 듭니다. 그때는 육아가 참 힘들다고 생각했습니다. 내가 꿈꿔 왔던 모든 것들이 매일매일 무너지는 것 같았습니다. 그렇기 때문에 아이와 함께 있는 시간이 마냥 좋지만은 않았습니다. 물론 아이를 보면 사랑스러웠습니다. 하지만 그때 힘들어했던 나를 생각하면 나 스스로가 내 삶을 즐기지 못했던 것 같아 안쓰럽습니다.

나의 꿈은 '엄마'가 아니었습니다. 나에게는 많은 꿈들이 있었습니다. 아이를 낳고 '엄마'가 되는 순간, '나'는 없고 한 아이의 '엄마' 만 있었습니다. 갑자기 엄마가 된 나는 어떻게 아이를 키워야 할지 잘 몰랐습니다. 서툰 엄마였던 나를 채찍질하며 달리게만 했습니다. 그 힘든 마음은 고스란히 아이에게 전해지기도 했습니다.

다시 돌아가 그때의 나를 만난다면 따뜻하게 안아 주고 싶습니다. 수고했다고 다 잘될 테니까 걱정하지 말고 이 순간을 즐겨 보라고 얘기해 주고 싶습니다.

심리치료사로 일하면서 많은 엄마들을 만납니다. 그렇다 보니 누구보다도 그들의 힘든 삶과 마주하는 일이 많습니다. 저는 그분들을 만날 때 엄마가 아닌 한 사람으로 바라봅니다. 그리고 많이 힘들어 보이면 이런 질문을 합니다. "어머니, 지금 괜찮으신가요?"

그 질문에 어떤 분들은 결국 눈물을 보이시기도 합니다. 삶의 무게가 고스란히 느껴지는 순간입니다. 아이가 괜찮은지는 들여다보고 있지만, 정작 나는 괜찮은지 모르는 분이 많습니다. 그러니 치료실에서의 아이는 해맑은데 정작 엄마 얼굴은 온갖 근심으로 그늘져 있는 경우가 있습니다.

엄마가 괜찮지 않은데 어떻게 아이가 괜찮을 수 있겠습니까? 엄마가 행복해야 아이가 행복합니다. 엄마가 행복하지 않으면 아이와 함께하는 내 삶이 좋지가 않고, 내 삶이 좋지 않으니 아이의 잘못이 너무나 잘 보입니다. 그러니 아이의 작은 잘못에도 불안함과 초조함을 감출 수가 없습니다. 아이가 바라는 것이 있어도 애써 모른 척하기도 합니다. 지금 내가 너무 힘이 드니까요.

아이는 엄마의 감정을 먹고 자랍니다. 엄마의 말투, 표정, 태도까지 아이는 몸으로 마음으로 기억합니다. 자신의 삶을 잘 살아가려고 노력하는 엄마의 모습을 보고 아이는 더 큰 배움을 얻습니다. 아이도 자신의 삶을 소중히 생각하고 잘 살아가려고 할 것입니다. 있는 그대로의 나의 모습으로도 괜찮습니다. 엄마가 생각하는 것보다 아이는 엄마에게 많은 것을 바라지 않습니다. 엄마, 그 자체만으로도 아이는 충분합니다. 그것을 저는 많이 봐 왔습니다. 지금 자기 자신의 모습이 나약해 보여도 괜찮습니다. 다 괜찮습니다. 아이와 함께 성장하면 되니까요.

엄마와 아이를 위한 마음 챙김

지금 행복하지 않다고 느끼신다면 스스로 행복해지는 노력을 해야 합니다. 아이에 대한 바람과 걱정을 잠시 내려놓길 바랍니다. 아이는 스스로 치유하는 위대한 능력을 가지고 태어납니다. 엄마가 걱정을 내려놓는다고 해서 아이가 크게 잘못되지 않습니다. 내 아이도 지금 이것저것 경험하면서 나름대로 잘 살아가려고 노력하고 있으니까요. 그 경험의 토대가 되는 힘이 바로 엄마의 사랑입니다. 엄마가 스스로 괜찮고 행복해야 아이가 충분한 사랑을 경험할 수 있습니다. 그로부터 아이는 이 세상을 멋지게 살아갈 힘을 얻게 됩니다.

지금 나의 삶에 집중하시길 바랍니다. 아이와 함께 있는 이 삶도 내 삶의 한 부분입니다. 잘 살펴보면 그렇게 힘들 것도 없습니다. 아이와 함께 있으니까요. 성장하고 있는 내 모습을 바라보셔도 좋습니다. 아이가 성장하는 만큼 엄마도 분명 성장하니까요. 세상 모든 엄마들은 위대합니다. 엄마, 그 존재 자체가 위대한 것입니다.

지금 삶이 지치고 힘든 엄마들에게 이 책으로 따스하게 안아 드렸으면 좋겠습니다. 이 책이 엄마들의 힘든 마음에 작은 위로가 된다면 더할 나위 없이 좋겠습니다. 오늘도 내 아이와 함께하는 행복한 삶을 위해 응원합니다.

2019년 4월
김소정

엄마와 아이를 위한 마음 챙김

1장

육아, 어디서부터
잘못된 걸까?

육아에 대한 엄마들의 오해

01

중·고등학생 엄마들과 상담할 때면 기끔 이런 질문을 받는다.

"우리 아이는 어디서부터 잘못된 걸까요? 어릴 땐 아주 착한 아이였는데…"

"내가 잘못 키운 걸까요? 애를 어떻게 대해야 할지 모르겠어요."

"우리 어릴 때는 엄마 말이라면 무조건 들어야 하는 걸로 알았잖아요. 근데 애는 도무지 제 말을 듣지를 않아요."

그러면 나는 이렇게 답한다.

"아이에 대한 엄마의 마음을 바꾸시면 됩니다. 지금부터라도 엄마 본인이 편하게 할 수 있는 육아를 하세요."

아이가 태어날 때 '내 아이를 잘못 키워야지, 내 아이의 마음을 아프게 해야지.'라고 생각하는 엄마는 없을 것이다. '내 아이는 나처럼

엄마와 아이를 위한 마음 챙김

자라게 하지 않을 거야, 아이에게 사랑을 듬뿍 주면서 최선을 다해서 키워야지.'라고 다짐할 것이다.

수많은 엄마가 아이를 위해서 각종 서적과 인터넷을 보고 공부를 하며 육아를 시작한다. 아이에게 좋다는 것은 다 먹이고 입히고 가르친다. 그런데 아이는 엄마의 생각과는 다르게 커 간다. 내 아이가 위인전에나 나올 법한 매우 모범적인 아이로 자랐으면 좋겠다고 생각했는데 그런 기대는 이내 실망으로 바뀌고 만다.

육아에 대한 최근 조사에 근거를 둔 피터 바버리스Peter Barberis와 스텔리오스 페트라키스Stelios Petrakis의 공저 《Parenting: Challenges, Practices and Cultural Influences(육아: 도전, 관습, 문화적 영향)》에 의하면, 많은 부모가 자신이 육아에 대해 생각하는 대로 아이들이 자라지 않는 것에 대해 스트레스를 받는다고 한다.

조사 결과 그 가운데 가장 큰 스트레스 요인은 무엇일까? 아이의 문제 행동이다. 엄마는 아이가 유치원에서 말썽을 피워서 유치원 선생님한테 한 소리를 듣기도 하고, 아이가 친구와 문제를 일으켜 아이 친구 엄마에게 전화를 받기도 한다. 엄마는 예측하기 힘든 아이의 행동에 망연자실하며 자기 자신을 탓한다. 그러다가 스스로에게 묻기 시작한다. 그런데 이게 과연 엄마 탓일까?

어디서부터 잘못된 걸까?

사실 누구 탓도 아니다. 엄마는 아직 엄마로서 서툴 뿐이고, 아이는 아이대로 그저 자라면서 배우는 단계라 서툴 뿐이다. 육아를 하는 엄마나 육아를 받는 아이나 둘 다 서툴 따름이다. 육아는 긴 터널을 지나는 것과 같다. 운전대를 잡고 있는 엄마는 가끔 지쳐서 모든 걸 다 놓아 버리고 싶을 때가 있어도 아이와 함께 그 긴 터널을 지나가야 한다. 그게 엄마다.

내가 어렸을 때 지금은 흔한 스마트폰이란 것이 없었다. 그때는 집 안팎에 있는 모든 것이 장난감이었다. 날이 맑든 비가 오든 마찬가지였다. 비 오는 날에도 동네 친구들과 진흙 놀이하며 놀이터에서 놀기 바빴다. 저녁 즈음에는 그 시간대에만 방영되는 만화 영화를 보기 위해 제시간에 맞춰 집으로 돌아왔다.

요새는 어떤가? 놀이터에서 노는 아이를 찾아보기조차 힘들다. 보고 싶은 프로그램이 있으면 언제든 '다시보기'로 볼 수 있다. 쉽게 손에 쥘 수 있는 스마트폰은 재미나는 것으로 넘쳐난다. 내가 원할 때 바로바로 들어오는 재미를 알아 버린 아이들은 더 이상 무엇을 하기 위해 기다리지 않는다.

그래서 무언가를 참고 하는 것을 싫어한다. 엄마의 잔소리가 계속되면 참지 못한다. 그런 아이들을 보는 엄마들은 답답하다. 자신이 어렸을 때와 사뭇 다른 아이를 어떻게 대해야 할지 모르겠다. 나도 이러기는 싫다고 하면서 아이의 잘못된 행동에 잔소리를 퍼붓고는 이내 후회하면서 '내가 왜 그랬을까' 자책한다.

세상은 빠르게 변한다. 우리 엄마들도 이런 변화된 세상에서 아이들이 어떤 마음으로 살아가고 있는지 알아야 한다. '나의 육아법이 잘못된 건 아닐까?' 하면서 자책하기 전에 아이가 지금 어떤 마음인지 그리고 더 나아가 내가 어떤 마음으로 육아를 하고 있는지 들여다볼 필요가 있는 것이다.

완벽한 사람이란 세상에 존재하지 않는다. 그렇기 때문에 완벽한 육아도 존재할 수 없다. 우리 어렸을 때를 생각해 보자. 우리는 엄마의 기대에 부합한 아이였는가? 아니다. 그렇게 보이려고 노력은 했을지 몰라도 우리 역시 허물 많은 아이였다. 그게 다 엄마 탓이었을까? 부모는 물론 우리의 성장에 중요한 사람이지만 지금의 나는 내가 내린 선택의 결과물일 뿐이다. 그러니 부모는 스스로를 탓하면서 힘들게 육아를 할 필요는 없다.

아이를 위해 좋은 육아가 무엇일까 고민하는 엄마들을 많이 만난다. 엄마들은 많은 육아 서적을 보고 또 다양한 채널로 육아법을 접하며 여러 가지 방법을 아이에게 써 봤지만 다 소용이 없었다고 한다. 그래서 내가 만난 엄마들 대부분은 많이 지쳐 있었다. 미술 치료를 받으러 오는 아이들은 해맑은데 엄마들이 밝지 않은 경우가 많다. 아이는 생각보다 걱정이 없는데 엄마는 걱정이 많다. 엄마들은 나에게 육아에 대한 좋은 팁이라도 얻으려고 귀를 쫑긋 세운다. 하지만 나는 지금은 좋은 육아를 할 수 없을 거라고 말한다. 이미 엄마들이 심리적으로 많이 힘들기 때문이다.

어떤 엄마들은 눈물을 보이기도 한다. 엄마들의 눈물은 아이 때문도 아닌 너무 힘든 지금, 누군가에게 털어 놓을 곳도 마땅치 않았던 엄마들의 서글픔이 한꺼번에 터져 나온 것이다. 자신을 돌보지 못하는데 어떻게 아이까지 돌볼 수 있겠는가. 아이 때문에 남편과도 많이 싸운다. 서로를 탓한다. 아이는 계속되어 온 엄마의 다그침과 잔소리에 엄마의 말을 더는 듣지 않기 시작했기 때문이다. 이런 악순환의 늪에서 엄마들은 헤어 나오지 못한 채 점점 더 가라앉고 있다.

나에게 맞는 육아가 좋은 육아다

지금 엄마의 상황에 맞는 육아가 좋은 육아다. 육아는 엄마의 성향, 아이의 성향, 주변 환경에 따라 달리해야 한다. 전문가들이 방향을 설정해 주고 많은 조언을 해 줄 수는 있다. 하지만 자기에게 맞는 육아를 선택하고 실행하는 것은 엄마의 몫이다. 요즘 엄마들은 요즘 아이들만큼이나 다르다. 자기애가 강하다. 그만큼 자기 아이도 소유물로 생각하는 경향이 있다.

아이가 잘못하면 자기가 잘못되는 것처럼 크게 반응하며 쉽게 낙담한다. 그리고 자기 자신을 탓한다. 아이가 잘 자라지 못하면 그만큼 엄마도 자라지 못한다. 대부분 '좋은 육아'에 사로잡혀 내 아이의 마음을 바로 보지 못한다. 지금 아이는 엄마의 잔소리보다는 엄마의 사랑을 원할 수 있다. 엄마와 같이 있는 시간을 원할지도 모른다. 아이는 자기 때문에 분란이 일어나길 원치 않으며 그냥 엄마 아빠와 행복하게 살고 싶을 수 있다. 아이의 마음은 단순히 그것뿐일 수 있다.

육아는 이론대로, 들은 대로 하기 어렵다. 엄마가 편하게 할 수 있는 자기만의 육아를 해야 하는 것이다. 엄마가 지치고 힘들 때는 아이를 잠시 내버려 두어도 좋다. 그것이 아이에게, 엄마에게 더 좋을 수 있다. 지친 엄마는 아이에게 더 많은 화를 내게 되기 때문이다.

아이는 엄마가 자신에게 화를 내는 것이 싫어서 엄마 말을 더 듣지 않을 수 있다. 이런 상황을 좋아할 사람은 아이와 엄마, 둘 다 아니라는 것을 알아야 한다. 꾸준히 오래 해야 하는 게 육아다. 일찍부터 지쳐서 스스로를 괴롭히는 것들을 할 필요가 없다. 그 누구에게도 도움이 되지 않는 일이다. 엄마가 지치지 않는 육아, 엄마를 위한 육아가 곧 내 아이를 위한 좋은 육아다. 그 방법을 이제 찾아보기로 하자.

내겐 너무나 어려운 엄마 노릇
02

태어날 때부터 엄마인 사람은 없다. '엄마'라는 직업이 있는 것도 아니다. 우리가 무슨 대단한 준비를 하고 엄마가 되는 것이 아니다. 아이가 태어나면서 우리는 원하든 원치 않든 엄마가 된다. 첫째를 낳고 어느 정도 육아에 익숙해질 무렵, 둘째가 태어난다. 둘째를 낳기 전에는 이제 어느 정도 육아에 자신 있다고 생각했지만, 둘째는 또 다르다. 둘째는 생김새만큼이나 성격도 첫째와 다르다.

첫째와 둘째가 나이 차라도 있을 때는 그야말로 한 지붕 두 가족이다. 엄마는 첫째도 둘째도 각자 따로 챙겨야 한다. 엄마는 이렇게 육아를 다시 시작하는 마음으로 둘째를 키우게 된다. 아이가 둘이면 2배가 힘든 것이 아니라 10배가 힘들다. 육아 전쟁이 시작되는 것이다. 주위 사람들에게 도움도 청해 보지만 가정마다 아이를 키

엄마와 아이를 위한 마음 챙김

우는 방식이 다르고 나에게는 맞지 않는 것 같다. 주위에 아이가 셋 있는 엄마는 애를 거저 키우는 것 같은데 왜 나만 이렇게 힘들까 자괴감마저 든다. 아이가 아플 때면 내가 혹시 뭘 잘못해서 아이가 아픈 것은 아닐까 죄책감을 느낀다. 생각이 꼬리에 꼬리를 물고 내가 엄마로서 자격이 있는 건가, 나만 이렇게 육아가 힘든 건가 하는 생각이 든다.

출산 후 달라지는 엄마의 인생

나는 미국 생활 중에 허니문 베이비로 아이를 가졌다. 결혼해서 달라진 삶에 적응도 채 하기 전에 엄마가 된 것이다. 배는 불러 오고 마음이 불안했다. 내가 생각하기에는 나도 아직 이렇게 어린데 그 어린 내가 아이를 키운다니 믿을 수가 없었다. 대부분의 엄마들이 그렇듯이 '나는 엄마가 돼야지.' 하면서 인생을 살아오지는 않았을 것이다.

내게는 꿈도 있었고 하고 싶은 것도 많았다. 아이가 내 발목을 잡는 느낌마저 들었다. 임신을 하고 입덧이 생겼다. 하루하루가 괴로웠다. 막달에는 갑자기 두드러기가 온몸에 났다. 가려워서 잠을 설쳐 댔다. 달라진 내 모습에 적응하기 힘들었다. 살도 찌고 이렇게 여자로서의 삶이 끝나나 싶어서 더 우울해졌다. 아직도 산후조리를 해 주시려고 한국에서 오신 엄마의 표정이 생생하다. 결혼식 이후로 한동안 나를 보지 못하셨던 엄마는 달라진 내 모습에 나보다 더 놀라는 모습이었다.

임신 전과 후가 많이 달랐다. 모습만큼이나 생각도 달라졌다. 세상 모든 엄마들이 대단하게 느껴졌다. 다들 이런 과정을 겪고 엄마가 되는구나 싶었다. 주부로서도 서툰 내가 엄마가 될 준비를 시작해야 했다. 한국에서 급하게 공수해 온 육아 서적을 읽으면서 마음을 다스렸다. 육아 서적에서 나온 내용은 간단하고 명료했다. 그냥 잘 키우면 되는 것이다.

육아 서적에 나온 것처럼만 하면 나도 애를 잘 키울 것만 같았다. 하지만 육아는 현실이었다. 아이가 태어나고 쉴 새 없이 울어 댔다. 갓난아기에게 2시간마다 젖을 주어야 해서 어떤 날은 2시간을 아무것도 안 하고 시계만 쳐다보며 앉아 있었다. 한국에서 엄마가 오셔서 잠시 아이를 돌봐 주셨지만 엄마는 2개월 후 한국으로 다시 돌아갔다.

온전히 아이와 나만 있는 시간이 두려웠다. 아이도 아이지만 달라진 내 삶에 적응할 수 없었다. 뱃속에 있던 아이를 낳았지만 이미 살들은 늘어졌고, 그 전에 입었던 바지가 잘 맞지 않아 임부복을 아이 낳고 7개월까지 입었다. 아이가 울 때면 나는 신경이 곤두섰고 아이와 하루 종일 집안에 있어야 하는 게 괴로웠다.

나만 이렇게 육아가 어려운 걸까? 내 성격은 엄마가 되기에 맞지 않는 걸까? 난 모성이란 걸 가지고 있는 걸까? 스스로에게 끊임없이 질문했다. 하지만 답은 없고 내 옆에는 내가 돌봐야 할 아이가 있을

엄마와 아이를 위한 마음 챙김

뿐이었다. 다 내려놓고 싶었다. 남편이 도와주긴 했지만 그것도 잠시, 아이는 나만 찾고 내 껌딱지가 되었다.

나는 그렇게 아이를 키웠고, 아이는 어느덧 훌쩍 커서 이제는 나만의 자유 시간도 제법 많이 가질 수 있게 되었다. 하지만 누군가 그때 그 시절로 다시 돌아가고 싶냐고 묻는다면 나는 '싫다'라고 대답할 것이다. 그때 아이는 너무 예뻤지만 그 시절의 나는 너무 힘들었기 때문이다.

그 시절의 나는 왜 힘들었을까? 나도 아이도 서툰 존재였는데 나만 채찍질하면서 전쟁처럼 아이를 키웠기 때문인 것 같다. 있는 그대로의 아이와 있는 그대로의 나를 인정하면 좋았을 텐데 항상 부족한 나를 탓했다. 그래서인지 그 시절 아이와 즐거웠던 기억이 거의 없다. 육아를 힘들게만 생각해서 아이와 함께 있는 시간에 즐거운 마음을 가질 수 없었던 것이다.

부모 상담을 하면서 내가 가졌던 고민을 하는 엄마들을 많이 만난다. 그들은 이미 많이 지쳐 있다. 애가 없었으면 자신의 삶이 더 좋았을 거라고 말하는 엄마도 있다. 하지만 우리가 누구인가? 우리는 '엄마'이다. 아이에게 세상 둘도 아닌 하나밖에 없는 엄마라는 존재다. 우리는 아이에게 절대적인 존재다. 아이와 함께 이 세상을 같이 헤쳐 나가야 하는 엄마인 것이다.

나는 엄마들에게 이렇게 얘기한다.

"잠시 모든 것을 내려놓고 자기 자신에 대해 생각해 보세요."

잠시 아이의 엄마가 아닌 온전히 나 자신으로 돌아가 보라는 것이다. 그러고 이런 질문을 스스로에게 던져 보라고 말한다.

"지금 나는 과연 행복한가?"

지금, 현재에 집중하기

"전 육아가 맞지 않는 사람 같아요. 애 키우는 게 너무 힘들어요."

한 엄마가 상담 중에 어렵게 얘기를 꺼내 놓는다. 육아가 자기와 맞지 않는 것에 대해 스스로 죄책감을 가진다. 누구든 육아는 어렵다. 육아를 쉽게 생각하는 엄마는 세상 어디에도 없을 것이다. 아이를 낳고 보니 세상이 그 이전에 살던 세상과 너무나 다르다. 내 인생만 걱정했던 시절과는 달리 아이의 인생까지 생각해야 하기 때문이다. 이 얼마나 힘들고 어려운 일인가. 이런 삶을 옳다구나 하며 스스로 반가이 맞아들이는 사람은 아마 거의 없지 않을까.

그저 즐겁게 하루하루를 살아 보라는 말은 어쩌면 엄마들 귀에는 잘 들리지 않는 말이다. 너무 많은 무게를 짊어지고 있기 때문이다. 아이와 먼 길을 즐겁게 가야 하는데 불필요한 짐들을 많이 지고 간다면 몸도 몸이지만 정신적으로 많이 힘들 것이다. 그 짐을 아이에게 나눠 줄 수도 없고 혼자 묵묵히 이고 지고 가야 하는데, 그 길이 즐거울 수만은 없는 일이다. 나는 그 짐을 조금씩 내려놓는 연습을 하라고 말한다.

아이에 대한 불필요한 걱정 때문에 짜증이 나지는 않는지, 내 맘대로 안 되는 아이에게 다그치지 않았는지 생각해 보자. 아마 이러한 마음 때문에 아이와 함께 있는 시간을 즐기지 못했을 수 있다. 지나고 나면 별것 아니었을 것들에 너무 신경 쓰지 않는 것이 좋다. 지금 아이와 함께라면 아이와 같이 있는 이 시간에 한번 집중해 보는 것도 좋다.

아이가 어릴 때 지나가던 할머니들이 "저렇게 엄마 옆에 있을 때가 엄마한테도 좋을 때야."라고 말하던 것이 생각난다. 그때는 애를 다 키워 놓으셨으니 저런 말도 나오는 거라고 생각했다. 이제 제법 아이가 크고 독립적인 아이가 되어 가는 것을 보니 그 말이 이해가 되기 시작했다.

언젠가는 아이가 다 커서 독립할 때 지금 아이와 함께하는 이 순간을 떠올리며 우리도 그리워할 수 있다. 그때는 우리도 혼자가 될 것이다. 그러니 지금 아이에게 마음 쓰는 만큼 우리에게도 마음을 써야 한다. 나중에는 지나가는 아이가 너무 귀여워서 자꾸만 쳐다볼지도 모른다. 지금 우리 옆에 그런 아이가 있다. 너무 잘하려는 마음은 잠시 내려놓고 지금 아이와 함께 있는 이 순간, 일상의 즐거움을 느껴 보자. 그러면 앞으로 내 아이와 가는 이 길이 그렇게 어렵게만 느껴지지 않을 것이다. 육아는 내게만 어려운 것이 아니라는 생각을 가져 보자. 세상 모든 엄마가 대단하게 느껴지며 그중 한 명이 바로 나라는 생각에 힘이 날 것이다.

아이는 엄마의 불안을 닮는다
03

　가끔 아이가 끔찍한 얘기를 늘어놓을 때가 있다. 그러면 엄마의 머릿속에 TV에서 보던 흉악한 사건의 범죄자들이 떠오른다. 그러면서 이러다가 내 아이가 그렇게 크는 건 아닌가 걱정에 휩싸인다. 하지만 다시 생각해 보면 그렇게 걱정할 일도 아니다. 아이가 그런 생각을 행동으로 옮긴 것은 아니기 때문이다. 그것은 단지 아이의 머릿속 생각일 뿐이다.

　그러므로 아이의 그런 끔찍한 생각에 대해 걱정하기보다 어떤 일 때문에 아이의 마음속에 불안이 생겨 그런 얘기를 하는지 생각해 볼 필요가 있다. 아이가 얼마나 불안하면 저런 생각을 할까? 아이가 얼마나 힘들면 저런 말을 할까? 이렇게 아이의 마음을 살피는 게 우선이다.

아이는 어른과는 달리 생각한 것을 거르지 않고 말로 꺼내 놓는다. 동생에게 사랑을 다 빼앗겨 버린 것 같은 아이가 어느 날 이렇게 말한다.

"동생이 싫어. 동생이 없어졌으면 좋겠어."

사실 이런 생각은 그저 스쳐 가는 것이고, 아이가 잠깐 가진 감정의 일부분인 경우가 대부분이다. 그러니까 그런 감정은 동생에 대한 아이의 감정 전체를 의미하지 않는다.

아이가 그런 말을 하면 엄마 입장에서는 마음이 아프고 동생이 저렇게 싫어서 어쩌나 싶지만 그냥 넘기면 되는 것이다. 그런데 오히려 엄마가 일을 더 키우는 경우가 많다. 아이의 말에 놀라서 아이를 다그친다든가, 왜 그런 생각이 드는지 물어보면서 아이를 궁지에 몰아넣는다.

아이는 엄마가 그러면 당황하면서 자기가 큰일이라도 저지른 것처럼 생각할 수 있다. 아이 입장에서는 그냥 말한 것뿐인데 엄마가 심각하게 받아들이니 뭔가 잘못됐다는 생각이 드는 것이다. 아이는 자기가 했던 생각을 곱씹고, 결국 머릿속이 그 생각들로 가득 차게 된다. 동생을 싫어하는 자신이 아주 못된 사람처럼 느껴져 죄책감에 시달릴 수도 있다.

아이가 그런 생각을 말로 표현할 때는 달래 주면서 "속상하니까 그런 생각을 할 수 있어."라고 말해 주면 아이는 그 상황을 아무렇지 않게 넘길 수 있다. 그런데 엄마가 그것을 심각하게 생각하고 걱정스러운 표정으로 쳐다본다면 아이는 자신의 생각에 문제가 있다고 생각하고, 나쁜 생각만 하는 자신은 이상한 사람일 수 있다는 생각을 하게 된다. 그런 생각이 나중에 정말 문제가 될 수 있다.

그러므로 불안해하는 아이를 잘 키우려면 엄마가 그 불안을 보고 견뎌 낼 수 있어야 한다. 엄마가 같이 불안해하면 아이는 그 생각에 집착할 수 있다. 그러면서 더욱더 불안해한다. 아이가 불안해하면 그 불안이 어떤 마음에서 비롯된 것인지 대화를 통해 알아보고 그 불안한 마음을 달래 주자. 아이의 불안한 생각들이 머릿속에 잠시 있다고 해서 당황하지 말고, 그 생각이 머무르지 않고 스쳐 지나갈 수 있게 담담한 듯 아이를 대할 필요가 있다.

아이의 불안은 엄마를 닮아 있다

아이는 엄마의 몸짓과 눈빛, 표정 하나하나를 살핀다. 그만큼 엄마의 감정도 빨리 느낄 수 있다. 아직 말을 알아듣지 못하는 어린아이도 엄마의 감정은 누구보다 빨리 알아차린다. 그러나 아이는 엄마의 속마음까지 잘 알지는 못한다. 엄마의 짜증 섞인 목소리, 무심한 눈빛 같은 것으로 알아차릴 수밖에 없으니 더 불안한 것이다. 부모 상담을 하다 보면 아이가 불안이 높으면 엄마도 불안이 높은 경우를 많이 봤다. 둘이 굉장히 닮게 된 것이다.

한 연구에 따르면 엄마의 불안한 모습을 아이가 닮아 간다고 한다. 아이는 엄마가 불안한 상황을 어떻게 다루는지 배우고 그것을 자신이 처해진 상황에 대입한다. 그렇게 아이는 엄마의 불안을 복사한다. 그리고 그것을 본인 상황에 나타내고 적용하게 되는 것이다.

손에 무언가가 묻는 것을 지나치게 싫어했던 아이

미술치료실에서 미술 활동을 하면서 손에 무언가가 묻으면 소스라치게 놀라면서 손을 씻기 위해 달려가는 아이가 있었다. 찰흙이라도 손에 묻으면 난리가 났다. 아이는 내게 도움을 청했고, 나는 아이 대신 손에 묻은 것을 떼어 주기도 했다. 그 아이는 또한 뭔가 마음에 남아 있는 일이 있으면 계속 그 말을 반복했다. 작품을 만들다가 그 작품을 통해 무언가가 생각나면 불안한 마음에 말을 반복적으로 하면서 자신의 불안한 마음을 나타냈다.

나는 몇 주 동안 아이를 지켜본 다음, 부모 상담 때 아이의 그런 모습에 대해 얘기했다. 동생을 돌보고 있는 엄마를 대신해 아빠가 오셨다. 아이 엄마가 평소에 아이의 좋지 않은 행동들을 하나하나 다 지적한다면서 불만을 꺼내 놓았다.

나는 그 아빠에게 언제 한번 아이 엄마와 함께 부모 상담을 오실 것을 권유했다. 그다음 주, 아빠는 엄마를 데리고 왔다. 엄마는 자신은 감정 기복이 심하다고 했다. 아이가 좋지 않은 행동을 하면 그냥 지나칠 수가 없다고 했다. 자기도 모르게 그런 행동을 보일 때마다 지적한다는 것이었다. 바로 엄마의 그런 태도가 아이가 자기 몸에 묻은 더러움을 못 견디게 만드는 것이었다. 즉 엄마의 강박적인 사고가 아이로 하여금 자꾸만 안 좋은 생각에 집착하게 했고, 그로 인해 아이의 불안이 높아진 것이었다.

아이 엄마는 선생님 말씀을 들으니 자기 엄마도 자기와 같았다면서 어렸을 때가 생각난다고 했다. 나는 "어머니, 대를 끊으셔야죠. 감정의 대를 끊으세요."라고 말씀드렸다. 다소 과격한 표현 같지만 맞는 말이다.

알게 모르게 엄마 자신도 자기 부모의 모습을 닮아 있기 때문이다. 특히 부모의 좋지 않은 모습을 닮지 않으려고 했지만 너무 비슷해져 있는 것이다. 그래서 부모가 내게 했던 것을 나도 모르게 아이에게 하고 있는 것이다. 이런 사실을 모르고 있다가 부모 상담을 하면서 알게 되는 경우가 많다. 자신의 행동으로 아이에게 상처를 준 것은 잘 모르지만, 아이의 심리적 고통에 마주하면 그것이 자기가 어렸을 때 받았던 고통과 비슷한 것을 보고 그제야 아이의 고통을 깨닫는 것이다.

엄마가 변하면 아이도 변한다

나는 아이의 엄마에게 아이가 좋지 않은 행동을 해도 큰 잘못이 아니면 그냥 넘어가 달라고 했다. 그리고 갑자기 아이한테 소리를 지르거나 아이의 불안을 부추기는 행동은 자제해 달라고 말씀드렸다. 나도 미술치료실에서 아이가 뭐가 묻거나 불안해서 같은 말을 반복하면 아이에게 이렇게 말했다.

"괜찮아. 묻을 수도 있지."

"그래서 많이 놀랐구나. 괜찮아. 별일 아니야."

아이가 불안해할 때 대응하는 방법에 대해 간단히 정리하면 다음과 같다.

1. 아이로 하여금 별일 아니라는 생각을 갖도록 해 주자.
2. 엄마가 직접 불안한 상황에서 어떻게 대처하는지 행동으로 보여 주자. 불안을 잘 대처하는 롤 모델이 필요하다.

치료사와 같이 집에서도 엄마가 애써 준 지 몇 달이 지나고 아이는 눈에 띄게 많이 좋아졌다. 아이는 여전히 묻는 것은 싫어했으나 예전만큼 소스라치게 놀라지도 않고 담담하게 가서 손을 닦는다. 그리고 불안해서 같은 말을 계속 반복하는 행동을 하다가도 "에이, 다 괜찮아질 거예요. 그렇죠?"라며 확인한 후 다시 작업에 집중했다.

심리 치료는 아이와 치료사만 노력한다고 효과를 보는 것이 아니다. 아이는 일주일에 한 번 치료사와 만나지만 엄마는 매일 만나는 사람이기 때문에 엄마의 역할이 중요하다. 부모가 치료사와 같이 노력한다면 아이는 눈에 띄게 변화하기도 한다.

엄마가 불안하면 아이가 불안하다. 그 반대도 마찬가지다. 엄마가 괜찮으면 아이도 괜찮다. 만약 엄마가 계속 불안하고 무언가 안정되지 못해 육아가 힘들다면 전문가의 도움을 받는 것도 좋은 방법이다. 엄마의 눈에는 아이의 문제 행동만 보이고, 그런 자신의 마음 상태를 스스로 들여다보기 힘들기 때문이다.

심리학자 카제Kaze는 아이는 엄마를 통해서 불안한 상황을 어떻게 통제해야 하는지 배운다고 한다. 다시 말해 불안한 상황에서 엄마가 자신의 불안을 잘 다루면 아이는 그것을 배우고 불안한 상황을 스스로 통제할 수 있게 되는 것이다.

그러므로 아이가 건강한 삶을 살아가게 하기 위해서는 엄마가 먼저 변화의 출발점에 서야 한다. 내 아이가 불안을 잘 다룰 수 있게 엄마가 아이의 롤 모델이 되어 보자. 어느새 내 아이는 감정적인 면에서 성장해 있을 것이다. 악순환의 고리를 끊는 칼자루를 쥐고 있는 것은 엄마다. 내가 불안해서 아이가 불안을 느끼고 있다면, 그리고 내가 불안이 높아져서 아이가 불안이 높아지고 있다면 지금 그 고리를 끊어 버리자.

나는 왜 아이에게 휘둘리는가

04

요즘 어려서부터 휴대폰이나 태블릿 PC를 보는 아이들이 많다. 아이가 보여 달라고 떼를 쓰면 엄마는 못 이기는 척 쉽게 아이들의 손에 쥐어 준다. 그러면서 "저도 살아야죠."라고 말한다. 아이가 울고 떼를 써서 본인이 힘들어지기 전에 미리 막는 것이다.

아이가 떼쓰는 것은 엄마들의 육아 스트레스를 높이는 것들 중 하나다. 아이들은 자신이 원하는 것을 얻기 위해 자신의 요구를 알아 달라고 '떼'를 쓴다. 아이들은 자기 스스로 할 수 있는 것이 별로 없기 때문에 떼를 쓰는 것이다.

아이는 원하는 것을 얻지 못했을 때 떼를 쓴다. 자신의 불편한 마음을 표현하는 것이다. 그러니 그 마음은 쉽게 가라앉지 않고 계속 엄마에게 짜증을 낸다. 엄마 입장에서 아이의 그런 행동이 여간 불편한 것이 아니다. 한 번 떼를 쓰기 시작하면 멈추지 않고 계속해서 떼를 쓰는 아이를 보며 슬슬 화가 치밀어 오르기 시작한다.

결국 엄마들은 참지 못해 버럭 소리를 지르거나 때리기도 한다. 그런 엄마를 보면서 아이는 더 악을 쓰며 울기 시작한다. 자신이 원하는 것을 갖지 못해 기분이 좋지 않은데 엄마까지 저러니 더욱더 화가 나는 것이다. 아이에게 화를 내고 말았으니 엄마는 자신의 행동이 옳지 못했다고 생각하게 된다. 이러다 아이의 성격이 나빠지는 것은 아닌지 뒤돌아서 죄책감은 물론 안쓰러운 마음마저 든다.

엄마는 이러는 자신의 모습이 한심하다고 느껴진다. 이런 상황을 다시는 만들지 않기 위해 아이가 떼를 쓰기 시작하면 아이의 말을 바로 수용해 주기 시작한다. 이것이 아이와 엄마 모두에게 편한 것이라고 생각하는 것이다.

아이가 울면서 떼를 쓰는 것을 참기란 정말 어려운 일이다. 하지만 버틴다고 생각하면 조금은 쉬워진다. '못 살겠다.'보다는 '버텨야 한다.'는 생각이 가뜩이나 힘든 육아에 힘을 실어 줄 수 있기 때문이다. 엄마가 잘 버티면 언젠가 아이도 자신에게 주어진 상황을 스스로 깨닫고 받아들이며 변화하는 것을 볼 수 있다. 그리고 그런 아이의 변화된 모습에서 엄마는 육아의 기쁨을 찾을 수 있다.

아이는 의도적으로 엄마를 괴롭히지 않는다

아이가 일부러 엄마를 괴롭힌다고 생각하는 엄마가 있었다. 아이가 지능적으로 자기를 못 살게 군다는 것이었다. 그 엄마의 아이가 입이 삐죽 나온 채로 미술치료실에 들어왔다. 아이에게 무슨 일이 있었냐고 물어보니 엄마가 과자를 사 주지 않았다고 했다. 갑자기 치료실 문이 열리고 엄마가 과자를 주었다. "야, 여기, 정말 못 살아"라고 말하며 짜증나는 눈빛으로 아이를 한번 쳐다보고는 나에게 "선생님, 죄송합니다." 하며 과자를 아이에게 주고 나갔다.

엄마는 두려운 것이다. 지금 과자를 사 주지 않으면 치료가 끝나고 나서 아이가 얼마나 자기를 괴롭힐까 두려워서 그런 사태를 미연에 방지라도 하듯이 차라리 과자를 주고 간 것이다. 하지만 아이의 기분은 별로 나아지지 않았다. 기분은 이미 상할 때로 상한 뒤였던 것이다. 아이는 '어차피 이럴 거면 아까 사 주지'라는 생각이 강할 것이다. 엄마는 결국 아이의 요구를 들어 주었지만 들어 주지 않는 것만 못한 꼴이 되었다.

엄마는 이후에도 계속 그런 행동을 했다. 아이의 동생이 기다리다가 지루해서 떼라도 쓸라치면 휴대폰을 바로 쥐어 주었다. 엄마 얼굴에는 아이들이 더 이상 자기를 괴롭히지 말았으면 하는 마음이 엿보였다. 아이들은 자신의 요구를 들어 달라고 떼를 쓰는 것일 뿐, 일부러 엄마를 괴롭히려고 하는 행동은 아니다. 아이가 떼를 쓸 때마다 엄마가 참기 힘들어하니 아이가 자기를 괴롭힌다는 생각이 드는 것일 따름이다.

떼쓰는 아이, 방법은 규칙 정하기

아이는 미술치료실에도 마찬가지로 엄마에게 하듯이 치료사인 내게도 떼를 썼다. 떼를 써도 통하지 않으니 화를 내며 물건을 던지는 행동도 했다. 떼를 쓰면 자기가 원하는 것은 다 가졌던 아이는 미술치료실에서는 자신의 행동이 허용되지 않으니 화가 난 것이다.

이런 아이에게는 자신의 행동에 대한 한계를 지어 줄 필요가 있다. 나는 아이와 함께 미술치료실에서 지켜야 할 규칙을 만들었다. 아이와 같이 규칙을 정하면서 왜 이런 규칙을 지켜야 하는지 설명해 주었다. 그리고 아이의 동의를 구했다. 아이가 자신이 만든 규칙에 책임감을 느끼게 하려면 아이의 동의를 받는 것이 중요하다. 나와 아이가 만든 규칙은 이랬다.

1. 늦지 않기
2. 돌아다니지 않기
3. 예쁜 말 쓰기
4. 끝나기 5분 전에는 자기가 쓴 물건 정리하기
5. 인사하고 마무리하기

처음에는 아이가 위의 규칙들을 지키는 것이 쉽지는 않아 보였다. 규칙을 지키지 않은 것에 대해 내가 제재를 가하면 아이는 떼를 쓰며 "싫어요."라는 말을 자주 했다. 그러면 나는 아이와 함께 만들

엄마와 아이를 위한 마음 챙김

었던 규칙들을 보여 주며 아이에게 "규칙은 꼭 지켜야 하는 것"이라고 말해 주었다.

나는 아이가 규칙을 지키도록 여러 번 반복해서 말해 줬고, 규칙을 지키지 않는 것을 절대 허용하지 않았다. 그리고 원하는 것이 있으면 떼를 쓰는 것이 아니라 말로 표현을 해야 한다고 알려 주었다.

이를 꾸준히 반복한 결과 아이는 점차 말을 듣기 시작하고 규칙을 잘 지키기 시작했다. 나는 아이가 변화된 모습을 보일 때마다 칭찬을 해 주며 아이를 격려해 주었다. 그러자 아이는 자기가 원하는 것이 있으면 떼를 쓰지 않고 말로 표현했다. 자신이 원하는 것을 하게 되는 데 있어서 떼를 쓰는 것이 전혀 도움이 되지 않는다는 것을 스스로 느꼈기 때문이다.

엄마에게도 이런 방법을 권유했다. 엄마는 아이가 떼를 쓰면서 말하지 않으니 훨씬 듣기 좋고, 아이는 말로 적절하게 자신의 의사를 표현하는 것을 배우는 것이다. 지금 아이는 오히려 더 자유롭게 미술 활동을 하고 있다. 미술치료실 안에서 지켜야 할 규칙들이 명확하니 아이는 오히려 자신의 행동에 제약을 받지 않는 것이다.

아이에게 휘둘리지 않는 방법

양육도 마찬가지다. 아이의 행동에 한계를 지어 줄 필요가 있다. 규칙을 정해 주는 것이다. 하지만 아이의 행동에 한계를 정하기 전에 왜 아이가 떼를 쓰는지 알아보려고 노력해야 한다. 아이의 요구

사항을 친절하게 들어 본 후에 그 요구가 타당하면 수용해 주고, 그렇지 않으면 아이가 알아듣게 설명을 해 주어야 한다. 강압적인 태도는 아이의 떼쓰는 것을 부추길 뿐이다.

아이가 엄마가 자신의 요구를 무시하는 것이 아니라 자신을 사랑하지만 타당한 이유로 자신의 행동을 받아들이지 않는다는 것을 알게 해야 한다. 물론 시간이 많이 걸리는 일이다. 아이가 엄마의 말을 알아듣기까지 시간이 걸릴 수 있다. 그러니 조급할 필요가 전혀 없다. 아이가 자라면서 엄마의 말이 맞았음을 알 수 있는 경험을 많이 하게 될 것이다. 그러면 아이는 엄마의 말을 잘 듣게 된다. 엄마의 말에 신뢰가 가기 때문이다.

아이에게 휘둘린다면 어떤 것이 나를 불편하게 해서 이렇게 되는지도 생각해 보아야 한다. 아이가 떼를 쓰며 우는 것이 싫어서, 그리고 그런 상황을 피하고만 싶어서 휘둘리는 거라면 진지하게 고민해 볼 필요가 있다. 아이를 사랑할 때는 확실히 해 주고, 아이가 잘못된 행동을 하면 분명하게 행동의 한계를 정해 주어야 한다.

《12가지 인생의 법칙》의 저자 조던 B. 피터슨은 분명한 규칙은 자녀가 성장하는 데 도움을 줄 뿐만 아니라 합리적인 부모가 되는 데도 큰 역할을 한다고 말한다. 아이를 사랑하고, 또 내 아이가 다른 사람들에게도 사랑받고 인정받는 아이로 자라길 바란다면 아이에게 휘둘리는 것보다 타당하고 적절한 규칙이 필요하다는 것을 알아야 한다.

내 맘대로 안 되는 게 육아다

세상에는 내 맘대로 안 되는 일이 많은데 그중 하나가 육아다. 어른들이 하는 말이 있다. "정말 자식은 내 맘대로 되지 않더라."

우리 자신을 생각해 보자. 우리는 부모님의 생각대로 자라 주었는가? 대다수가 아니라고 답할 것이다. 잘하고 싶은 마음은 누구보다 큰데, 아이는 내 마음처럼 자라지 않기 때문이다.

임신한 엄마들은 부푼 기대와 꿈을 안고 10개월을 보낸다. 아이의 초음파 사진을 보면서 내 아이가 과연 어떻게 생겼을까 상상하기도 하고, 아이에게 좋다는 육아 용품을 사며 아이가 세상에 나올 날만 기다린다. 아이에게 좋지 않다는 음식은 입에도 안대고 육아서를 뒤적이며 현명한 엄마가 될 수 있을 거라는 믿음도 가져 본다.

하지만 아이가 태어나는 순간, 그 같은 꿈과 기대는 여지없이 무너진다. 아이가 울기라도 하면 당장 애가 왜 이러는지 당황한다. 현명한 엄마의 모습은 어디에도 없고 초조하고 불안한 엄마만 남아 있다. 책에 담긴 내용이 내 아이에게는 왜 적용되지 않을까 고개를 저으며 주변 사람들의 의견도 들어 본다. 이야기를 나누다 보면 마음이 놓이는 것도 같다. 하지만 안심하는 것도 그때뿐, 일상으로 다시 돌아오면 아이와 나만 남는다. 다시 머릿속이 멍해진다. 이것은 많은 엄마들이 공감하는 얘기일 것이다.

어느 엄마의 얘기가 떠오른다. 밤에 자려고 누워 있는데 갑자기 눈물이 흐르더라는 것이다. 내가 왜 이러나 생각했더니 너무 지쳐 있는 자신이 보이더란다. 모든 것을 던져 버리고 집 밖으로 나가고 싶었다고 한다. 이 모든 것으로부터 벗어나면 얼마나 좋을까 상상하면서 말이다.

이 엄마는 밖에 나가 하염없이 거닐다가 돌아왔단다. 그 엄마는 내게 "나를 찾고 싶어요."라고 말했다. 그 말이 공감이 되었다. 그 엄마를 진심으로 위로해 주고 싶었다.

"어머니, 많이 힘드시죠? 저도 그랬답니다."

엄마는 믿기지 않는다는 듯 놀라면서 나를 쳐다보았다.

"저도 치료사로 이렇게 앉아 있지만 육아에선 자유로울 수 없답니다. 그게 엄마니까요. 저도 엄마니까요."

치료사들도 마찬가지다. 아이를 많이 만나니까 그 누구보다 아이의 마음을 잘 알 거라 생각하지만, 치료사이기 이전에 엄마로서 '육아'는 힘든 것이다.

엄마들은 많은 일을 해야 한다. 육아만 하면 얼마나 좋겠냐마는 삼시 세끼 가족을 위해 끼니를 챙기며, 아이에게 필요한 것이 무엇무엇인지 헤아려 그것에 대한 교육 계획까지 세워야 한다. 24시간이 부족하다. 쉬려고 하면 몸은 쉬고 있지만 마음은 쉬고 있지 않다. 많은 것들에 눌린 채 문득 난 누구인가를 생각하게 된다.

나 또한 그랬다. 결혼과 동시에 엄마가 된다는 것을 알았을 때 이 상황을 어떻게 받아들여야 할지 몰랐다. 아이를 낳은 후의 나를 본 교수님이 한 얘기가 아직도 기억에 남는다.

"소정아, 너 사람 다 됐구나."

이게 무슨 말인지 그 당시에는 몰랐지만, 아이가 태어나고 육아를 하면서 나는 다른 사람이 되었다. 대학 시절의 나를 생각하면 꿈도 많고 당돌한 아이였다. 내가 원하는 것은 뭐든지 될 수 있다는 자신 감이 있었다. 하지만 아이가 태어나고 나서 나는 내가 마음대로 할 수 없는 것이 있다는 것을 알게 되었다. 아이를 놔두고 밖에 나가는 것조차 할 수 없었으며, 혹여나 아이가 다칠까 걸음마를 시작하고부 터는 옆에 찰싹 붙어 따라다녀야 했다. 나 자신만 생각하고 할 수 있는 일들이 없어진 것이다.

나의 꿈, 내가 하고 싶은 육아, 평온한 가정에서 웃고 있는 아이, 그런 것들을 하나둘 내려놓으면서 하루하루를 아이와 함께 살아갔다. 어느 순간, 내 마음대로 되는 일은 없다는 것을 알게 된 내가 나를 내려놓기 시작한 것이다. 아마 교수님은 그런 날 보셨을 것이다.

어느 날엔가 남편의 대학 친구들이 우리 집에 놀러왔다. 그중 한 언니는 아직 결혼을 하지 않았었다. 나는 애를 안고 낑낑대고 있는데 자유로운 그 언니의 모습이 너무 부러웠다. 말소리도 온화해 보이고 옷차림도 세련돼 보였다. 그 언니가 가고 나서 한동안 나는 내 자신이 너무 초라해 보여 견딜 수가 없었다.

그 언니는 이후에 늦게 결혼하고 애를 낳아 지금 그때의 나와 같은 생활을 하고 있다. 나에게 가끔 "소정 씨는 애를 어떻게 키웠어요? 정말 미치겠어요."라면서 육아에 대해 물어볼 때가 있다. 그럼 나는 결혼 전 그때 언니의 모습을 얘기해 주면서 아이를 낳으면 누구나 다 그런 일을 겪는다고 말해 준다. 그러니 이 순간을 피하지 못하면 즐기라고 얘기해 준다. 단순한 말이지만 맞는 말이다. 피하지 못할 바에야 괴로워하기보다 즐기는 것이 나의 정신 건강에 더 낫다. 이렇게 육아는 누구에게나 다 힘든 일이다. 다른 사람이라고 특별할 것이 전혀 없다.

나를 내려놓기

육아를 하면서 나를 내려놓기란 참 힘들다. 아이를 낳기 전에는 나 자신을 찾기 위해 애쓰며 살아오지 않았던가. 내가 좋아하는 것, 내가 하고 싶은 것을 하면서 우리는 자랐다. 하지만 아이를 낳고 나서는 그보다는 아이가 좋아하는 것, 아이가 하고 싶은 것을 찾으려

애쓰면서 어쩌면 우리는 '나'라는 존재를 잊어버린 채로 살아간다.

나는 엄마들에게 너무 애쓰지 말라는 말을 하고 싶다. 애쓰면 애쓸수록 내 맘대로 안 되는 게 많다는 것을 느끼기 때문이다. 우선 나의 한계를 인정할 필요가 있다. 아이가 크면 편해질 거라 생각하기도 하는데, 아이가 크면서 자기를 찾아가느라 바빠지고 그 과정에서 엄마와 부닥치는 일도 많아진다. 그때 다시 우리는 '육아'라는 이 세계가 정말로 힘든 세계임을 뼈저리게 느낀다. 나를 내려놓지 않으면 이 과정은 결코 쉽지가 않다.

아이와 추억 만들기

그러면 도대체 어떻게 해야 한다는 말인가? 나 같은 경우에는 주위에 도와주는 사람이 없었다. 그야말로 허허벌판에 외롭게 서 있는 느낌이었다. 외롭게 서 있는 것까지는 괜찮았으나 가끔씩 몰아닥치는 폭풍에 휘청일 때는 너무너무 힘들었다. 그래서 나는 아이와 내가 함께할 수 있는 것을 찾아보기로 했다. '아이와 추억 쌓기'라고 제목을 적고 내용을 채워 갔다.

다소 유치해 보이지만 당시 나는 그만큼 절실했다. 안 그러면 지금 이 순간에 내가 왜 이렇게 살아야 하는지 마땅한 이유를 찾기 힘들었기 때문이다. 나는 우선 아이가 이렇게 아기일 때는 아이나 나나 인생에 단 한 번밖에 없다는 것을 인정했다. 그리고 종이에 아이가 어렸을 때 아이와 해 보면 좋을 만한 것들을 적어 나갔다.

나는 그것을 하나하나 실천해 가려고 노력했다. 실천한 것들은 사진으로 남겼다. 혹시라도 애가 사춘기 때 나를 힘들게 할 때 꺼내 보고 싶었기 때문이다. 나는 아이가 울며 보챌 때는 '아이와 공원 가서 꽃 보고 놀다 오기'라는 것을 실천했다. 집 밖으로 나가니 아이가 보채지 않고 좋아했다. 그 모습을 보고 나 또한 좋았다.

그 사진들은 지금도 보고 있다. 아이가 힘들게 할 때면 나는 그 사진들을 꺼내 보며 마음을 다스린다. 그리고 그때 아이와 함께했던 추억을 떠올리며 웃음 짓기도 한다. 아이와 사진을 같이 보기도 한다. 그러면 아이는 자기가 엄마에게 사랑을 많이 받고 자랐다는 사실을 새삼 깨닫는다.

지금 나는 '아이와 추억 쌓기' 내용을 다시 쓰고 있다. 사춘기에 접어드는 딸을 보면서 앞으로 아이가 성인이 되었을 때 볼 사진들을 다시 만들어 가고 있다. 그중에는 '딸과 둘이 여행 떠나기'가 있다. 그것을 해 보려고 요즘 계획 중이다.

내 맘대로 안 되는 게 육아다. 그렇다고 이 시간을 힘들게만 생각할 필요도 없다. 나와 아이가 만나는 이 순간은 정말로 값진 순간이기 때문이다. 아이는 언젠가는 독립된 존재가 되어 내 품을 떠난다. 지금은 힘들어도 이 순간을 즐길 수 있는 방법을 찾으면 그때 내 아이를 좀 더 잘 보내 줄 수 있다. 잠시 나를 내려놓고 내 아이를 바라보자. '나'는 아이와 성장하면서 함께 찾아보는 것이다. 내 아이와 함께 육아라는 이 기나긴 길을 좀 더 즐겁게 가 볼 방법을 찾아보자.

엄마와 아이를 위한 마음 챙김

일관성 있는 육아가 필요하다

06

일관성 있는 육아가 필요한 이유는 엄마의 일관되지 않는 행동들에서 아이가 불안을 느끼기 때문이다. 아이가 불안을 자주 느끼면 건강하게 성장하고 발달하는 데 지장이 된다. 직장 상사를 생각해 보자. 어디로 튈지 모르는 직장 상사의 기분을 맞추기란 여간 어려운 일이 아니다. 기분이 좋을 때는 한없이 좋게 대하다가 기분이 나쁠 때는 온갖 트집을 잡아 괴롭히기 때문이다.

도대체 어느 장단에 맞춰 춤을 춰야 할지 몰라 항상 긴장되고 불안하다. 결국 일도 손에 잡히지 않고, 직장 상사의 목소리라도 들리면 벌써 가슴이 뛰기 시작한다. 확실한 기준을 가지고 있는 일관성 있는 직장 상사라면 마음이 안정되고 일도 훨씬 잘될 것이다. 그렇지 않다면 직장 다니는 것이 여간 곤욕스러운 일이 아닐 것이다.

아이도 마찬가지다. 엄마가 일관성 있는 육아를 하면 아이의 마음도 안정될 수 있지만, 아이가 보기에 엄마가 이랬다저랬다 하면 아이는 엄마 눈치 보느라 바쁘다. 엄마의 감정에 따라 아이의 감정도 왔다 갔다 한다. 아이가 마음 둘 곳이 없는 것이다. 엄마의 기분만 살피다 보니 내 감정을 드러내기가 어렵다. 엄마의 눈치를 보느라 그렇게 아이의 마음속에는 소심한 아이가 자라게 되는 것이다.

엄마에게 유독 불만이 많은 아이

내가 만나 본 아이 중에 유독 엄마에게 불만이 많은 아이가 있었다. 아이는 엄마의 태도가 마음에 들지 않는다. 어떤 날은 나를 사랑하는 것 같다가도 어떤 날은 나를 미워하는 것 같기 때문이다. 엄마의 그런 일관성 없는 태도가 아이의 기분을 상하게 만들었다. 엄마의 행동이 자기를 헷갈리게 만드니 마음이 불편할 수밖에 없다.

그 아이의 엄마는 상담 중에 나에게 어떻게 훈육해야 하는지 물어본다. 그러면 나는 내가 관찰한 아이의 성향과 엄마의 성향에 맞게 알려준다. 이것을 엄마와 같이 상의하여 결정하면 그다음 주에 와서 나에게 말한다.

"선생님, 그 방법이 먹히질 않아요. 다른 방법을 써 봐야 할까 봐요."

나는 어머니에게 말한다.

"어머니, 결정하셨으면 당분간은 그걸로 쭉 해 나가셔야 해요. 그렇지 않으면 아이한테 휘둘리게 되거나 아이가 더 불안해져서 혼란스러워합니다."

엄마는 몇 번을 이런 식으로 육아법을 바꿔야겠다고 했지만, 나의 설득에 엄마에게서 한 가지 육아법을 3개월 동안은 지속해 보겠다는 약속을 받아 냈다. 또한 나는 어떤 육아법이라도 제일 좋은 것은 아이에게 사랑 표현을 많이 해주는 것이라고 말해 주었다. 훈육보다는 먼저 사랑을 보여 줘야 아이가 엄마를 믿고 따른다고 강조했다.

3개월 후 아이는 많이 안정되어 있었다. 엄마는 며칠 전 아이의 손 편지를 받고 울었다고 했다. 그동안 엄마 말을 안 들어서 미안했고 엄마를 사랑한다는 내용이란다. 육아의 가장 큰 전제 조건은 사랑이다. 서로가 사랑에 대한 믿음이 없으면 육아는 서로에게 힘들기만 할 뿐이다.

자기 아이를 제일 잘 아는 사람은 엄마다. 그러니 아이의 성향과 환경에 맞춰 아이를 제일 잘 아는 엄마가 아이에 맞는 육아를 할 수 있는 것이다. 아이는 아이이기 때문에 자신의 감정을 잘 모른다. 그렇기 때문에 아이의 행동은 왔다 갔다 할 수 있다. 이때 엄마가 일관된 태도를 보여야 한다. 그렇게 되면 아이의 행동에도 일관성이 생긴다.

그때그때 상황을 봐서 다르게 하거나 아니면 그냥 넘어가는 태도는 좋지 않다. 들어 줄 요구는 확실히 받아 주고, 안 되는 것은 확실히 거절해야 한다. 어떤 날은 엄마가 기분이 좋아 다 들어 주고, 어떤 날은 기분이 좋지 않아 들어 주지 않고 짜증만 낸다면 아이는 엄마에게 이런 말을 할지도 모른다.

"엄마, 오늘은 왜 그래?"

엄마의 기분을 살피고 엄마가 기분이 좋지 않아 보이면 엄마에게 거절당할 생각에 자기 감정을 얘기도 하지 않게 된다.

어떤 엄마들은 그날의 기분으로 아이를 대한다. 속이 깊은 아이라면 엄마가 기분이 좋지 않은 것 같으며 엄마의 기분을 맞추느라 자신의 감정을 감추기도 한다. 자신의 감정을 감추는 아이들은 쉽게 자신을 드러내지 못하고, 성장해서도 다른 사람들의 감정에 쉽게 휘둘리게 된다. 진짜 나의 감정을 모르니 어쩌면 당연한 일일 수밖에 없다.

자신의 감정을 감추는 아이

자신의 감정을 감추는 한 아이가 있었다. 그것이 익숙해서 오히려 감정을 드러내는 것을 불편해했다. 그 아이는 미술치료실에서 '남이 보는 나, 내가 생각하는 나'라는 주제로 그림을 그렸다. '남이 보는 나'의 모습은 밝게 웃는 모습이었다. 그러나 '내가 생각하는 나'의 모습에는 눈물을 흘리며 슬퍼하는 아이의 모습을 그렸다. 아이는 말했다.

"선생님, 사람들은 저를 항상 밝고 명랑한 아이라고 생각하지만, 저는 슬퍼요. 왠지 모르게 슬퍼요. 저의 마음은 울고 있어요."

아이의 어렸을 때 얘기를 들어 봤다. 아이 엄마는 감정 기복이 심한 사람이었다. 언제 어떻게 폭발할지 모르는 사람이었다. 속 깊은 아이는 엄마가 속상한 것이 싫었다. 감정이 폭발할 때마다 우는 엄마가 불쌍했던 것이다.

엄마는 기분이 좋을 때면 한없이 다정했다. 그러나 기분이 좋지 않으면 별일 아닌 것에도 화를 내며 아이를 몰아붙였다. 아이에게 그런 엄마의 모습이 어떻게 보였냐고 물어보았다.

"무서워요. 엄마가 너무 무서웠어요."

엄마가 돌변하는 모습이 무서웠던 것이다. 엄마의 행동을 도무지 예측할 수 없으니 아이는 많이 두려웠을 것이다. 아이는 엄마가 더 이상 화내지 않게, 기분 나쁘지 않게 자신의 감정을 숨기게 되었다. 아이는 항상 불안했다. 엄마의 눈빛, 몸짓 하나하나에 반응했다. 엄마는 이런 아이가 이해가 되지 않았다. 말 잘 듣던 착한 아이가 언제부턴가 말이 없어지고 툭하면 울었기 때문이다. 나는 아이의 마음이 어떤지 엄마에게 말해 준다. 그러면 엄마는 묻는다.

"그럼 다 제 탓인가요?"

누구 탓이라기보다 서로가 서로의 마음을 알지 못했던 것이다. 엄마는 나름대로의 고충이 있었을 것이다. 엄마도 뭔가 우울한 감정이 있었을 것이다. 그러니 아이의 감정을 일일이 느끼며 반응하기 힘들었을 것이다. 아이는 그런 엄마를 알 길이 없으니 끊임없이 마음속으로는 SOS를 불렀을 것이다.

하지만 들어 주지 않자 포기한 것이다. 그동안 숨겨 온 아이의 감정은 어느 순간 터져 나왔다. 섭섭한 말 한마디라도 들으면 눌렀던 감정들이 터져 나와 울게 된 것이다. 어렸을 때부터 견디는 힘을 길렀어야 하는데 엄마 감정을 살피고 맞추느라 그게 쉽지 않았던 것이다.

만약 엄마가 일관된 모습으로 아이를 대했다면 어땠을까? 서로 감정의 사이를 좁혀 보았다면 어땠을까? 아이는 좀 더 자신의 감정을 잘 조절하는 아이로 자랐을 것이다. 아이는 감정에 쉽게 흔들리지 않는 엄마의 모습을 보면서 자신의 흔들리는 감정을 다잡을 수 있었을 것이다.

그래서 일관성 있는 육아가 필요하다. 내가 이제까지 일관되지 않았더라면 지금이라도 새롭게 다시 시작하는 마음으로 육아를 해야 한다. 아이가 어리다면 놀이를 통해 아이의 마음을 확인하고 엄마가 이제는 괜찮다는 모습으로 흔들리지 않는 모습을 보여 주어야 한다. 아이가 크다면 아이와 대화를 통해 서로의 감정을 확인하고 서로 마음의 간격을 줄여야 한다.

시간이 많이 걸릴 수 있다. 엄마가 자신의 감정에 휩싸여 그동안 많이 흔들렸다면 아이의 마음이 안정되는 데 더 많은 시간이 걸릴 수 있다. 육아는 누가 대신해 줄 수 있는 게 아니다. 엄마 스스로 성장하면서 배우는 것이 육아다. 지금이라도 내 아이를 위한 좋은 방법이 떠올랐다면 그것을 하나씩 실천에 옮기면 된다. 이렇게 자신을 조금씩 조금씩 바꾸어 나가는 것이다. 그러면 육아가 갈수록 어렵지 않게 느껴질 것이다.

엄마와 아이를 위한 마음 챙김

내 아이에게 맞는 육아법을 찾아라

07

어린 시절 나는 예민한 아이였다. 사람들의 마음을 먼저 생각하는 아이라 사람들의 시선, 사람들이 나한테 하는 말들의 의미를 생각하고 곱씹는 아이였다. 낯선 사람을 만날 때나 예기치 못한 상황들은 나를 굉장히 불편하게 만들었다. 그럴 때마다 엄마는 나에게 이렇게 말하곤 했다.

"너는 왜 그렇게 이상한 생각만 하니? 왜 남들처럼 담담하게 있지 못하는 거야?"

이런 말들이 내게는 상처가 되었다.

그때 나는 엄마에게 많은 걸 바라지 않았다. 그냥 나를 따뜻한 시선으로 바라봐 주었으면 좋겠다고 생각했다. 하지만 엄마는 예민한 나를 걱정하고 내가 예민하게 굴 때마다 그러지 말라고 다그쳤다.

난 이렇게 생겨 먹었는데 엄마는 다른 애들보다 세상을 예민하게 바라보는 나를 이해해 주지 못했다.

그래서 불편한 상황에서도 괜찮은 척, 무던한 척하며 살아갔다. 그러나 난 항상 불안했다. 어떤 상황이 나에게 펼쳐질지 모르니 매번 긴장했다. 나는 왜 남과 다를까 생각하며 내 자신을 한심하게 생각한 적도 많았다. 엄마마저 나를 이해해 주지 않으니 내 편이 아무도 없는 것 같아 외로웠다. 이런 생각들은 내 가치를 스스로 떨어트리게 만들었고 매사에 자신감 없는 아이가 되었다.

지금 생각하면 엄마는 남들과 다른 내가 문제가 있는 게 아닐까 생각했던 것 같다. 하루빨리 내 성격을 고쳐야 이 세상을 잘 살아갈 수 있지 않을까 걱정했던 게 아닐까 싶다. 하지만 그건 내 입장에서 보면 결코 좋은 것이 아니었다.

물론 내가 결혼하고 아이를 낳고 엄마가 되어 보니 나의 예민함을 닮은 아이를 키운다는 게 쉬운 일은 아니었다. 내 아이도 나와 같이 세상을 다양한 시각으로 본다. 가끔 나도 깜짝 놀랄 만큼 사람들의 마음을 잘 읽기도 한다. 때때로 아이도 나처럼 예민하게 반응해야 하는 상황을 마주하면 짜증을 내고 보채며 나를 힘들게 하기도 했다.

나는 어린 시절 겪었던 것을 토대로 우리 엄마가 나에게 해 줬으면 좋았을 것들을 내 아이에게 해 준다. 아이가 불편해하는 상황에 대해 설명해 주고 앞으로 이런 일이 또 있을 때 어떻게 대처해야 좋

엄마와 아이를 위한 마음 챙김

을지 같이 생각하며 대화를 나눈다. 이렇게 나는 어린 시절을 다시 경험하고 있고 이를 통해 치유되고 있다. 내 아이가 성장하듯이 엄마로서 나도 성장하고 있는 것이다.

이런 나의 성격은 미술치료사를 하면서 빛을 발했다. 치료실에 오는 예민하고 남들이 특이하다고 생각하는 아이들의 상처받은 마음을 잘 헤아릴 수 있다. 그리고 그 아이들의 엄마가 어떤 마음으로 아이를 바라보고 있는지도 잘 알 수 있다. 이처럼 단점이라고 생각했던 나의 성격은 시간이 지나 나의 장점이 되었다. 아이들에게는 단점이건 장점이건 자신이 가지고 있는 것들을 풀어 갈 시간이 아직 많이 남아 있다. 엄마들이 미리 걱정하고 아이의 성격이 바뀌길 다그치는 것은 아이들의 자신감만 떨어트리는 일이다. 아이들이 자기 인생을 잘 풀어 갈 수 있게 그 시간을 함께 기다리는 것이 우리, 엄마들의 역할이다.

옆집 아이와 내 아이는 다르다

나는 미술치료실에서 많은 아이들을 만난다. 이제까지 똑같은 아이를 본 적이 없다. 치료실에 들어와서 겉옷부터 벗어서 정리하는 아이, 오늘은 어떤 재료가 있을까 들어오자마자 치료실 구석구석을 살피는 아이, 그냥 앉아서 치료사 눈치를 보는 아이 등등 다들 제각각이다.

미술치료실에는 재미있는 게 많다. 아이들은 각종 재료를 구경하고 만져 보기 바쁘다. 아이들마다 좋아하는 재료도 다르다. 어떤 아이는 손에 묻는 것이 싫어 클레이를 싫어한다. 하지만 어떤 아이는 촉감이 좋다며 클레이만 찾는다.

아이들은 여러 가지 재료를 이용해 어떻게 표현을 할 수 있을까 골똘히 생각하기도 하고, 자기가 재밌어 보이는 재료들을 하나씩 챙겨서 책상에 펼쳐 놓기도 한다. 아이들은 머릿속에 생각해 온 계획들을 실행에 옮기며 각자의 방식으로 멋진 작품을 탄생시킨다. 미술 활동을 할 때 보면 아이들은 제각기 좋아하는 색깔도 다르고 표현 방식도 다르다.

이처럼 아이들은 자신만의 고유한 색깔을 가지고 있다. 그 색깔 안에서 자신의 역량을 한껏 발휘한다. 그런 아이들을 다른 집 아이들과 똑같이 키우려고 한다면 그것만큼 엄마와 아이 서로에게 힘든 일이 어디 있겠는가? 그러므로 우리는 내 아이만을 위한 육아법을 찾아내야 한다. 우리도 다른 사람들과 똑같은 삶을 살아오지 않았다. 우리 모두는 부모도 다르고, 살아온 환경도 다르다. 다른 아이와 다른 우리 아이도 우리가 각자의 삶을 인정해 주듯 인정해 주어야 한다. 내 아이의 기질적인 특성들을 인정하고 육아를 한다면 아이와 엄마는 잘 성장할 수 있다. 그게 올바른 육아다. 그리고 그렇게 육아를 하는 엄마가 최고의 엄마다.

"선생님, 쟤는 왜 저러는 걸까요?"

"왜 제 아이는 다른 아이들처럼 행동하지 않는 걸까요?"

부모 상담을 할 때 엄마들이 흔히 하는 질문이다. 참여 수업이 있어서 유치원에 갔더니 혼자만 산만하게 밖을 쳐다보며 왔다 갔다 했다는 것이다. 엄마는 아이가 창피하다고 말한다. 왜 다른 아이들은 선생님 말에 귀 기울이며 잘 앉아 있는데 우리 아이만 저러는 건지 알 수 없다고 한다.

아이가 창피하다니, 참 슬픈 일이다. 엄마가 자기 아이를 창피해하면 누가 아이를 인정해 준단 말인가? 아이가 굉장히 산만하고 집중하지 못하여 주위 많은 사람들로부터 지적을 받았다면 전문가의 도움이 필요할 수 있다. 하지만 걱정을 하기 이전에 내 아이가 남들보다 호기심이 많은 아이일 수 있다는 점을 생각해 봐야 한다.

아이는 선생님 말씀보다 다른 게 더 재밌어 보였을 수 있다. 그런데도 내 아이가 다른 아이들과 다르게 행동하면 그 부분만 보인다. 엄마들은 내 아이가 다른 아이들과 다르다고 생각하면 이를 심각하게 받아들이고 내 아이에게 무슨 문제라도 있지 않은지 노심초사하며 지레 걱정부터 한다. 그래서 아이를 지나치게 혼내기도 한다.

아이를 지나치게 혼내면 아이는 내가 뭔가 잘못됐구나 하고 느낄 수 있다. 호기심을 가지는 게 잘못된 것이라고 인식하면 무언가를 탐구하고 알아 가는 것을 멈출 수 있다. 그렇다고 아이를 그냥 내버

려두라는 뜻은 아니다. 선생님 말씀을 듣는 것도 중요하므로 혼내기보다는 친절하게 아이의 행동에 한계를 지어 주어야 한다. 예를 들면 이렇게 말할 수 있다.

"뭐 재밌는 게 있었어? 어떤 게 재밌어 보였니? 아, 재밌었겠다. 근데, 너도 친구들이 네 얘기 안 듣고 딴짓하면 기분이 좋지 않지? 다음에는 선생님 말씀 잘 듣고 재밌는 것은 나중에 봐도 괜찮을 거 같아."

먼저 화를 내기보다 이렇게 말해 준다면 아이는 다음에 엄마가 했던 말을 기억하고 선생님 말씀을 잘 들으려고 노력할 것이다. 아니면 엄마의 말을 잊어버리고 다시 재밌는 것을 보고 놀려고 할 수도 있다. 그러면 그때는 다시 말해 주는 것이다. 아이가 스스로 결정하여 자신을 바꿀 수 있도록 기다려 주는 것이다. 물론 이렇게 계속해서 아이에게 말해 주는 것은 쉽지 않은 일이다. 많은 엄마들이 참지 못하는 부분이다. 하지만 육아는 긴 여정과 같다. 지금 바로 끝낼 수 있는 것이 아니라는 것을 알아야 한다.

부모가 말하는 아이의 모습과 미술치료실에서 보이는 아이의 모습은 많이 다르다. 부모 자신도 자기 아이를 잘 모르는 것이다. 아이가 잘 성장하려면 내 아이가 잘 성장할 수 있도록 엄마가 인내심을 갖고 도와주어야 한다.

당장 아이가 엄마 말을 듣지 않는다고 조급해할 필요가 없다. 바로 행동을 고치고 달라지면 좋겠다고 생각하겠지만, 아이에게는 시간이 많이 필요할 수 있음을 알아야 한다. 엄마가 조급해하며 다그치면 아이는 그만큼 더 힘들 수 있다. 더구나 많은 사람들에게 그런 행동에 대해 지적받은 아이라면 이미 많이 위축된 상태일 것이다.

내 아이가 남들과 조금 다르다면 그런 아이의 성격을 인정하고 내 아이만을 위한 육아법을 찾아 그에 따라 육아를 해야 한다. 한 발짝 물러서서 내 아이가 정말 문제가 있는 건지, 아니면 그냥 다른 아이들과 조금 다른 건지 생각해 볼 필요가 있다. 아이가 잘 자랄 수 있도록 엄마가 기다려 준다면, 아이 스스로 옳은 선택을 할 때가 온다. 그때 폭풍 칭찬으로 아이를 격려해 주자.

내가 널 어떻게 키웠는데?

엄마 맘대로 커 주지 않는 아이를 보고 '내가 널 어떻게 키웠는데'라는 생각이 들곤 합니다. 엄마는 자기가 하고 싶은 것도 못하면서 그저 잘 입히고 잘 먹이며 아이를 키웠는데 아이가 제멋대로 크는 것 같으니 억울한 마음이 드는 것입니다. 그런 마음은 '내가 너를 위해 얼마나 희생했는데'와 같은 마음입니다.

일반적으로 자신이 희생했다고 생각하는 엄마들은 아이에 대한 보상 심리를 가지게 됩니다. '내 아이는 이렇다.'라며 있는 그대로 내 아이를 인정하는 것이 아니라, 내가 이렇게 했으니 '내 아이는 이렇게 되어야 한다.'로 생각이 바뀌기 때문입니다.

그러다 보니 아이의 모든 행동이 눈에 밟힙니다. 아이와 있는 이 순간이 점점 행복하지 않고, 자신의 인생에 대한 평가는 '육아는 힘들다. 내 삶은 불행하다.'로 바뀝니다. 내가 행복하지 않은데 아이가 행복할 수 있을까요? 아이가 잘 성장할 수 있을까요? 엄마가 자신의 인생을 바라보는 시각과 삶을 대하는 태도에 따라 내 아이도 자신의 삶을 바라보는 모습이 달라집니다. 아이는 나와 제일 가까운 사람, 엄마를 제일 많이 닮아 가니까요.

내 인생의 주인인 내가 잘 살고 있다고 생각하는 엄마의 아이는 롤 모델을 엄마로 만들고 자기 삶을 즐길 줄 아는 아이로 성장합니다. 엄마가 꼭 무엇을 아이한테 해 줘야 한다는 생각, 아이를 위해 나의 삶을 희생한다는 생각을 내려놓을 필요가 있습니다. 내 아이의 인생이 중요하듯이 내 인생도 중요합니다. 조급해하지 말고 불안해하지도 마세요. 지금 내 아이와 함께 있는 이 순간, 내 인생의 한 부분인 지금을 아이와 함께 즐기시면 됩니다.

2장

하루 10분 내 아이
마음 들여다보기

아이가 정말로 원하는 게 뭘까?

01

아이가 정말로 원하는 게 무엇일까? 우리는 아이에게 많은 것을 해 준다. 좋은 것을 찾아 먹이고 좋은 옷을 입힌다. 또 좋은 학교에 보내기 위해 어렸을 때부터 그것에 맞는 준비를 시킨다. 아이에게 그렇게 해 주는 것이 아이를 위한 것이라고 생각한다. 가끔 아이가 힘들어 보이지만 미래에 아이가 고마워할 거라 생각하며 아이의 감정을 무시해 버리기도 한다.

내 아이가 원하는 게 그런 것들이었을까? 정작 우리는 우리 입장에서 아이 생각을 했을 뿐, 아이 입장에서 아이가 원하는 것을 생각해 보지 못하는 것은 아닐까? 아이의 마음을 들여다보기 이전에 아이의 마음을 내가 생각하고 싶은 대로 생각해 버리고 있을지도 모른다.

엄마와 아이를 위한 마음 챙김

육아에는 조급함이 없다

내가 만난 어느 엄마는 한 달 전에 육아 휴직을 냈다고 했다. 학교 선생님과의 상담에서 아이가 산만하고 다른 아이들보다 학업 능력이 떨어진다는 말을 들었기 때문이다. 엄마는 가슴이 철렁했다. 이 모든 게 자기 탓인 것만 같아 며칠을 잠도 못 자고 고민하고 또 고민했다. 그리고 큰 결심을 했다. 아이와 함께 있는 시간을 갖고자 육아 휴직을 하기로 결정한 것이다. 남다른 각오도 해 본다.

'이제까지 내가 바빠서 못해 줬던 것들 다 해 줘야지!'

하지만 휴직 첫날부터 아이와 뭘 해야 할지 모른다. 그동안 친정 엄마에게 애를 맡겼다. 아이가 할머니를 좋아하고 잘 따르는 것 같아 다행이라고 생각했다. 남들은 아이 봐 줄 사람을 찾느라 바쁜데 친정 엄마가 봐 주신다니 운이 좋다고 생각했다. 밤늦게 퇴근해 자는 아이를 안쓰러운 마음으로 쳐다보았다. 일을 쉬면 아이가 더 행복해질 수 있을 것 같았지만 어떻게 아이를 즐겁게 해 줘야 할지 모르겠다.

친정 엄마에게 전화해서 아이가 뭘 좋아하냐고 물어보지만 "그냥 데리고 놀아 줬어."라는 답만 돌아온다. 무슨 특별한 방법이 있었던 건 아닌 것 같다. 아이는 아침부터 할머니를 찾는다. 할머니는 이제 오시지 않는다고 하자 칭얼대기 시작한다. 어떻게 해 줘야 할지 모르겠다.

뽀로로를 보여 주니 좋아하는 것 같아 TV를 틀어 준다. 아이는 좋아하면서 귀찮게 굴지도 않는다. 엄마는 아이를 위해 휴직까지 했는데 TV만 틀어 주는 자신이 한심해진다. 엄마는 우울해진다. 아이를 위해 커리어도 포기하고 아이를 돌보기로 결심했는데 고작 아이와 이러고 있다고 생각하니 괜한 일을 한 건 아닌가 하는 생각이 자꾸 든다.

하지만 조급해할 필요 없다. 아이는 엄마와 함께 뭔가를 한다는 것이 아직 익숙지 않을 뿐이다. 엄마도 아이와 같이 시간을 보낸 적이 없기 때문에 아이를 보는 것이 서툴 뿐이다. 앞으로 시간은 많다. 충분히 아이와 좋은 시간을 보낼 수 있다.

나는 충분히 잘하고 있다

아이가 어렸을 때 나는 공부를 했다. 학교를 다녀야 했고, 갔다 와서는 과제를 하기 바빴다. 학교에 가지 않을 때는 실습을 하러 다녀야 했다. 그러다 보니 아이를 온전히 보기가 어려웠다. 수소문해서 아이를 봐 주는 사람을 찾아야 했다. 아이를 봐 주실 수 있는 좋은 할머니를 찾았다. 그러나 아이가 유치원에서 그 할머니 집에만 가려면 운다는 것이었다.

그 할머니는 아이를 잘 봐 주셨지만 힘에 부치다 보니 아이와 잘 놀아 주지 못했던 것이다. 나는 아이에게 많이 미안했다. 엄마로서 자격이 없는 것 같았다. 그래서 아이와 함께 있을 때는 아이와 최선을 다해 놀아 줘야겠다고 생각했다. 그러나 아이와 어색하기 짝이

엄마와 아이를 위한 마음 챙김

없었다. 아이는 나를 엄마라고 멀뚱멀뚱 쳐다보고 있는데 정작 나는 아이와 뭘 해야 할지 몰랐다. 유치원에 갔다 오면 밥을 먹이고 씻기고 재우지만 뭔가 허전했다.

'나는 잘하고 있는 걸까?' 이런 생각이 계속 들었다.

이상하게도 아이와 친한 느낌이 전혀 들지 않았다. 아이와 친하지 않다니, 웃긴 얘기지만 사실이었다. 우리가 많이 친하지 않은 친구와 둘만 같이 있을 때 뭘 해야 할지 모르는 것처럼 나 또한 그랬다. 아이와 무엇을 해야 할지 몰랐다. TV를 보는 것보다는 활동적인 놀이를 하는 걸 좋아하는 아이여서 아이와 놀아 줘야 했다.

어쩔 땐 너무 힘이 들었다. 아이와 놀아 줘야 한다고 생각하니 더 힘들게 생각되었다. 집에 있으면 집안일이 눈에 보이고 자꾸 할 것들이 생겨 아이가 보이지 않았다. 집안일에 치일 때면 보채는 아이가 힘들게만 느껴졌다. 이러면 안 되겠다는 생각에 무작정 아이를 데리고 나갔다.

아이를 데리고 가까운 놀이터도 가고 공원도 갔다. 아이가 노는 것을 보거나, 미끄럼틀이라도 타려고 올라가면 손을 잡아 주고 그네도 밀어 주었다. 아이는 너무 좋아했다. 저렇게 좋아하는 것을 진작 해 주지 못한 게 미안했다. 조그만 것이었지만 우리 둘 사이에는 많은 변화가 일어났다. 아이와 친해진 것이다. 다시 말해 관계가 좋아진 것이다.

우리도 좋은 관계에 있는 사람들과는 같이 있는 것만으로도 즐겁고 행복하다. 아이와 확실히 놀아 주니 아이가 즐거워하고 나와 함께 있는 시간을 좋아했다. 피곤한지 깊은 잠을 자서 나만의 시간도 가질 수 있었다. 무엇보다도 내가 아이를 즐겁게 해 주었다고 생각하니 마음이 편해지고 이런 일상에 행복함마저 느꼈다.

스킨십이 힘든 엄마

아이와의 스킨십이 어색한 엄마들이 많다. 아이에게는 최상의 것들만 해 주려고 노력하면서 정작 아이를 안아 주는 것조차 불편해하는 엄마들이 많은 것이다. 한마디로 아이와 친하지 않은 것이다. 말을 잘 듣지 않는 아이의 엄마의 경우에는 더하다. 내 아이를 떠나서 미운 것이다. 미운 짓을 하고 난 아이는 엄마에게 미안한 마음에 착한 짓을 한다. 하지만 정작 엄마의 마음은 풀어지지 않는다. 아까 아이가 한 행동 때문에 아직도 화가 나 있다. 그런 아이에게 스킨십을 해 주라니, 가당치도 않은 말이다.

나는 그런 엄마들에게 무조건 나가서 아이와 같이 놀아 보라고 얘기한다. 아이가 친구들과 놀고 싶어 하면 친구들과 노는 것을 그냥 바라만 보아도 좋다. 엄마의 화도 풀리기 시작한다. 놀고 나서 집에 오는 길에 아이와 많은 대화도 나눌 수 있다. 그 시간에 아이가 어떤 생각을 하고 있는지, 어떤 마음인지 들여다보는 것이다.

엄마들이 생각하는 것만큼 아이는 많은 것을 원하는 게 아니다. 엄마의 따뜻한 손길, 사랑이 담긴 스킨십이 지금 아이가 원하는 것

엄마와 아이를 위한 마음 챙김

일 수 있다.

내 아이가 정말로 원하는 건 뭘까?

"원하는 건 다 해 줬는데 쟤는 왜 저한테 불만이 많을까요?"

엄마들이 많이 하는 말이다. 그럴 때면 아이가 원할 거라 엄마가 생각한 그것이 진짜로 아이가 원하는 것인지 생각해 볼 필요가 있다. 치료실에 오는 아이들에게 가장 즐겁게 보낸 시간을 생각해 보고 그 순간을 그려 보라고 얘기한다. 대부분의 아이들이 엄마와 아빠와 즐거운 시간을 보냈던 순간들을 그린다. 아이에게 부모님과 뭘했는지 물어보면 재잘거리며 얘기하기 바쁘다.

좋은 옷을 입은 것, 엄마에게 선물 받은 것, 이런 걸 그리는 아이는 생각만큼 많지 않다. 우리가 생각하는 것만큼 아이의 생각은 복잡하지 않다. 정말 단순하게 지금 엄마와 같이 있는 이 순간이 좋을 수 있다. 정작 이 순간 아이가 원하는 것은 자기를 쳐다보며 따뜻하게 웃어 주는 엄마와 함께 있는 것일 수 있다. 내 아이의 마음에 한발 더 다가갈 때 아이는 행복을 느낀다. 오늘 그 한발을 먼저 내딛어 보자.

아이는 엄마의 감정을 느끼며 자란다
02

어렸을 때 나는 설거지하는 엄마의 뒷모습을 보며 그날 하루 엄마의 기분을 알아챘다. 엄마의 뒷모습만으로도 나는 엄마가 지금 기분이 좋은지 아닌지 알 수 있었다. 아마 엄마가 그릇을 내려놓는 소리, 설거지하는 몸짓으로 알 수 있었을 것이다. 엄마가 기분이 나빠 보이면 엄마의 신경을 거슬리게 하는 행동을 하지 않도록 조심했다. 엄마가 기분이 많이 나쁘면 그날은 폭풍전야처럼 우리 사남매는 엄마의 눈치를 보며 하루를 숨죽여 지냈다.

지금도 우스갯소리로 말하면 엄마는 언제 그랬냐며 정색하지만 우리 형제들은 하나같이 그 말에 공감한다. 이처럼 엄마의 하루의 감정은 우리가 생각하는 것보다 아이에게 많은 영향을 끼친다.

괜찮지 않은 엄마, 불안한 아이

미술치료실을 찾은 한 아이가 있었다. 그 아이는 치료실에 온 첫날부터 항상 불안한 모습으로 나의 눈치를 살피느라 바빴다. 재료를 쓸 때마다 나의 허락을 구했다. 나는 그 아이가 편안한 마음을 가지고 작업할 수 있게 치료실에서 아이에게 아무 말도 하지 않고 묵묵히 바라보았다. 아이가 도움을 청할 때는 기꺼이 도와주었다. 아이가 자신의 일상을 말할 때면 잘 들어 주고 아이에게 충분히 호감을 가지고 있다는 것을 적극적인 대답으로 표현해 주었다.

그러자 아이는 시간이 지날수록 변화하기 시작했다. 이제는 치료실에 당당히 들어와 어떤 재료가 있는지 살핀다. 새로 들어온 재료는 바로 알아채고 호기심을 가지고 만져 본다. 그리고 자기가 만들 재료들을 꺼내 와 작품을 만든다. 미술 활동을 좋아하는 아이는 이 시간이 제일 좋다고 웃으며 말한다. 나는 아이에게 변함없는 모습으로 대해 주었고 아이는 그런 나의 행동에 신뢰를 가지게 되었다. 이제 아이는 나의 눈치를 더 이상 보지 않는다. 엄마는 아이가 많이 좋아졌다며 좋아한다. 지금은 아주 밝은 아이가 되었다.

그 아이의 엄마는 아이가 자신 때문에 그렇게 된 것 같다며 죄책감을 가지고 있었다. 남편과 오래전부터 별거를 하고 있다고 했다. 가정 환경 때문에 아이가 더 불안해진 것 같다고 걱정한다. 하지만 아이가 과연 엄마 아빠의 별거 때문에 이렇게 불안해하는 걸까?

나는 엄마에게 조심스럽게 부모가 별거하면서 어떤 일이 있었는지 물어보았다. 엄마는 별거하기 전에 아이 앞에서 남편과 소리 높여 싸우곤 했다고 한다. 너무 화가 나서 아이가 있든 말든 신경이 쓰이지 않았다고 한다. 엄마는 아빠의 무책임함에 질려 버렸고 화가 날 때마다 아빠에게 소리치는 모습을 보였다. 아빠에 대한 나쁜 말을 아이에게 하면서 자신의 감정을 추스르곤 했다는 것이다.

별거나 이혼을 할 때 아이에게 상처를 주는 주된 요인들 중 하나는 아이에게 상대방에 대한 나쁜 말을 하는 것이다. 아이에게는 아빠도 엄마도 사랑하는 부모다. 아이에게 상대방에 대한 나쁜 말을 하는 것은 아이가 자기가 사랑하는 사람에 대해 갖고 있는 믿음에 큰 상처를 주는 것이다.

별거나 이혼을 하면서 엄마가 아이를 데리고 있는 경우 아이는 엄마의 불안과 스트레스를 자기 것으로 받아들인다. 아이는 엄마의 표정과 목소리 톤의 변화로 귀신같이 엄마의 기분을 알아차릴 수 있다. 엄마의 기분에 따라 아이는 자신의 기분도 들쑥날쑥하게 된다. 아이는 그러면서 불안해진다. 엄마의 감정이 어디로 튈지 모르는 공처럼 어떻게 표현될지 알 수 없기 때문이다.

아이는 그런 불안감 속에서 하루하루를 살아간다. 스트레스가 많이 쌓여 있을 수밖에 없다. 그런 스트레스는 아이의 공격적인 행동을 부추긴다. 아이의 행동이 점점 이상해지자 엄마들은 그런 행동들이 다 자기 탓인 것 같아 미안해지고 또 우울해진다. 힘든 결혼 생활에 아이까지 챙겨야 하니, 엄마는 삶이 너무 버겁다. 아이가 이런 엄마를 이해해 주기 바라지만 아이는 점점 말을 듣지 않는다. 엄마는 지치고 우울해진다.

아이가 엄마 아빠 사이가 좋지 않아서 불안감을 가지고 있다면 아이를 안심시킬 필요가 있다. 엄마가 아무리 아빠에 대해 좋지 않은 감정을 가지고 있다 해도 아이 앞에서 그런 감정을 내보이는 것은 좋지 않다. 엄마 아빠의 좋지 않은 관계는 둘의 문제인데 아이에게 그 문제까지 떠안길 수는 없지 않은가. 아이에게는 엄마와 아빠 둘 다 소중한 존재이기 때문이다.

엄마는 가정 환경 때문에 아이가 불안하다고 생각하지만 의외로 많은 아이들이 엄마가 담담하게 상황을 받아들이고 감정적으로 안정된 모습을 보여 준다면 별다른 문제를 보이지 않는다. 엄마가 자신의 상황을 괜찮다고 생각하면 아이도 괜찮게 되는 것이다.

그렇다고 엄마가 자신의 감정을 애써 숨긴 채 지친 표정으로 아이를 쳐다본다면 아이는 그때 엄마의 어두운 감정을 느끼게 된다. 나는 그럴 때면 꼭 상담을 받아 보라고 권유한다. 스트레스가 쌓이면 엄마도 자신의 감정을 다스릴 곳이 있어야 한다. 상담을 통해서 마음의 안정을 찾을 수 있다면 아이에게 좀 더 좋은 모습으로 다가갈 수 있다.

엄마와 아이는 감정까지 닮아 있다

나는 우선 미술치료실에서 아이를 만나고, 아이가 나간 후 엄마와 상담을 한다. 많은 아이들과 엄마들을 만나 보면 엄마와 아이가 참 비슷하다는 것을 알 수 있다. 불안이 높은 아이를 만나면 아이 엄마도 불안이 높은 경우가 많다. 아이가 엄마의 불안한 감정을 느끼고 자기도 모르게 그 불안을 닮아 가고 있는 것이다. 엄마는 자신을 닮은 아이가 버겁고 지치겠지만, 아이는 그런 자신의 감정이 얼마나 버겁겠는가.

엄마의 말과 행동, 표정과 몸짓은 우리가 생각하는 것 이상으로 아이에게 많은 영향을 준다. 우리가 그냥 하는 말에도 아이는 상처받고 엄마가 자신을 미워한다고 생각하기도 한다. 아이는 근심이 많은 엄마를 알아볼 수 있다. 엄마가 짜증날 때 하는 표정까지 따라 한다. 엄마의 한숨 소리에 아이는 조마조마하다. 오늘은 엄마가 무엇 때문에 기분이 나쁜지 도통 알 수가 없다.

아이가 불안감이 높다며 치료실 문을 두드리는 엄마들이 많다. 나는 우선 엄마 자신이 불안한 이유를 살펴보라고 이야기한다. 엄마가 먼저 자신의 불안을 들여다보고 그것을 다스리지 않으면 아이의 불안도 낮아질 수가 없기 때문이다.

엄마는 지금 자신의 처지도 좋지 않은데 아이까지 자신을 힘들게 하니 이미 많이 지쳐 있다. 자기 문제를 감당하기도 힘든데 아이까지 힘들게 하니 더 우울해진다. 언제까지 이렇게 살아야 하나 하는 생각에 하루하루가 우울하다. 아이한테 잘해 줘야지 하면서도 아이가 마음에 들지 않는 행동을 하면 자신의 불안이 높아져 짜증스러운 목소리로 아이에게 소리를 지르게 된다. 별거 아닌 일로 예민한 엄마가 되어 버린다. 엄마의 이런 들쭉날쭉한 감정 변화에 아이는 더 불안해지는 것이다.

엄마이기 이전에

엄마이기 이전에 우리도 사람이다. 엄마도 행복과 슬픔이라는 감정이 있다. 엄마라는 이름으로 모든 것을 감당하기에는 우리의 감정이 나 자신을 너무 힘들게 할 때가 있다. 엄마도 오늘 하루 굉장히 지친 하루였을 수 있다. 아이 앞에서 웃어야지 하면서도 자기도 모르게 아이에게 힘든 모습을 보였을 수도 있다.

원치 않지만 그런 감정을 아이에게 보였다면 잠시 스스로에게 휴식을 주어 보자. 아이가 힘들게 한다면 다른 곳으로 숨을 돌려 보자. 눈을 감고 의자에 가만히 앉아 있는 것도 좋다. 눈을 감고 내 마음이 진정되길 기다리는 것이다. 아이가 학교를 갔을 때 좋아하는 차를 마시면서 마음을 달랠 수도 있다.

게임에서 시간을 두고 에너지를 충전해서 다시 싸울 힘을 만들듯이 엄마도 마음을 달래며 하루를 버틸 힘을 가져 보는 것이다. 하루하루 이렇게 노력하면서 마음의 안정을 찾아보는 것이다. 엄마의 마음이 안정되면 아이도 안정된다. 아이는 엄마의 감정 기복이 더 이상 두렵지 않게 될 것이다. 엄마의 행복한 미소에 절로 웃음이 나올 것이다. 아이는 엄마의 감정을 느끼며 자라기 때문이다.

훈육보다 먼저 마음을 들여다보기
03

"아이를 어떻게 훈육해야 제 말을 들을까요?"

많은 엄마들이 부모 상담을 하면 묻는 말이다. 엄마는 앉자마자 한숨부터 쉰다. 엄마의 힘듦이 고스란히 전해지는 순간이다. 엄마는 한 주 동안 아이가 자기 말을 무시하며 했던 행동들에 대해 얘기한다.

모든 방법을 다 동원에서 아이를 훈육하는데 아이가 도통 말을 듣지 않는다는 것이다. 점점 엇나가는 것 같아 걱정된다면서 이제는 아무런 훈육 방법도 통하지 않을 것 같아 두렵다고 말한다. 어제는 아이가 자기보고 마귀할멈 같다고 얘기했다는 것이다. 너무 화가 나 엄마한테 누가 그런 말을 하냐고 예의 없게 행동하지 말라고 소리쳤다는 것이다.

엄마와 아이를 위한 마음 챙김

엄마는 아이가 자신을 공격할 때마다 아이를 누르는 데 에너지를 쓰고 있다. 에너지를 쓰고 있으니 금세 지치고 우울한 마음마저 생기는 것이다. 아이는 바뀔 기미가 보이지 않고 그런 아이를 볼 때마다 엄마의 마음은 타 들어갈 것 같다.

아이가 마음에 들지 않으니 아이의 행동 하나하나가 눈에 거슬린다. 아이의 행동만 보이고 아이의 마음이 어떤지는 보이지 않는다. 엄마의 기준으로 말 안 듣는 아이는 나쁜 아이이기 때문이다. 나를 힘들게 하는 아이일 뿐이다. 그런 아이의 마음 따위는 궁금하지도 않다.

이러니 아이와 지내는 것이 엄마에게는 곤욕일 테고, 아이에게 눈빛이나 말이 곱게 나가지 않을 것이다. 무엇이 문제일까? 지금 엄마는 아이를 훈육하는 데만 집중하고 있는 것이다. 아이가 당장 바뀌지 않고 오히려 엄마를 공격하니 엄마는 조급해져서 어떻게든 아이를 훈육해서 고쳐야 되겠다는 마음뿐인 것이다.

아이는 엄마를 마귀할멈이라고 부른다. 엄마는 아이가 잘되도록 최선을 다해 노력한다고 하지만, 아이 눈에는 마귀할멈으로밖에 비치지 않는 것이다. 가장 시급한 과제는 무엇일까? 우선 아이와의 신뢰를 회복하는 일이다. 어른들도 그렇듯 아이도 자신이 신뢰하는 사람의 말은 잘 들으려 한다. 지금 아이는 엄마를 신뢰할 수 없다. 나한테 매일 뭐라고만 하는 사람의 말을 믿을 수 없기 때문이다. 아이의 행동에는 아이가 생각하는 정당한 이유가 있는데 그걸 들어 주지 않으니 아이는 엄마를 믿지 않는다.

엄마, 나 사랑해요?

나는 그 엄마에게 물었다.

"아이의 마음은 어떨 것 같은가요?"

아이도 잘하고 싶은 마음이 큰데 매번 엄마에게 혼나기만 하니 마음이 좋을 리 없다. 엄마는 되묻는다.

"아이의 마음이요?"

자신의 마음이 상한지라 그동안 아이의 마음이 보이지 않았기 때문이다.

나는 이이가 지금 엄마가 자신을 사랑하지 않을 수도 있다는 생각을 할 수 있다고 했다. 엄마는 "맞아요. 어제 저한테 엄마는 자기를 사랑하냐고 물어보더라고요."라고 말했다. 나는 남녀 사이와 비슷하다고 얘기해 주었다. 상대가 나의 있는 그대로의 모습을 봐 주지 않고 나의 모든 것을 트집 잡는다면 나를 사랑해서 그런다는 생각은 하기 힘들지 않겠냐고 말이다.

아이도 마찬가지다. 어느 순간 아이는 '내가 잘해도 엄마는 나를 사랑하지 않으니 좋아하지 않을 거야.'라고 생각하는 것이다. 그래서 엄마의 관심을 끌려고 일부러 더 엇나가는 행동을 하기도 한다.

엄마와 아이를 위한 마음 챙김

아이와의 힘겨루기에 에너지를 쓰지 말자

엄마들은 지금 당장 아이가 자기 말을 안 듣는 것 같으면 기분이 상한다. 아이와 괜한 말싸움을 하기도 한다. 아이는 그런 엄마에게 지지 않고 저항을 하려고 괜찮은 척, 기분이 상하지 않은 척 엄마의 말에 말대답하며 엄마의 마음을 긁기 시작한다. 그럼 엄마도 아이의 마음을 긁기 시작한다.

이럴 때는 지금 당장 아이를 바꾸는 데 집중하지 말고 아이의 말을 충분히 들으려 해야 한다. 그러기 위해서 나는 엄마들에게 잠시만이라도 조급하고 화난 마음을 진정하라고 말한다. 지금은 엄마도 아이도 그다지 좋은 감정이 남아 있지 않기 때문이다. 이때 어느 한쪽이 좋지 않은 마음을 내려놓지 않으면 관계는 좋아질 수가 없다.

당연히 누가 그래야 할까? 어른이다. 그렇다. 그럴 때는 엄마가 먼저 마음을 내려놓을 필요가 있다. 어차피 승자 없는 싸움이다. 엄마가 이기면 뭐할 것이며, 아이가 이기면 뭐가 좋겠는가. 내 아이가 순한 양처럼 태어나길 누구나 바라겠지만 그런 아이는 별로 없다.

내 아이를 있는 그대로 인정하고, 엄마인 내가 어떻게 해야 아이와 좋은 관계를 맺을 수 있을지 생각해 보아야 한다. 한번 주변 상황을 점검해 보는 것도 좋다. 아이 말고 나에게 스트레스를 주는 상황이 있는지 생각해 볼 필요가 있다. 자기가 처한 환경이 좋지 않으면 내 감정은 당연히 좋을 수 없고, 그러면 아이를 제대로 양육하기가 버거울 것이기 때문이다.

그냥 안아 주자

나는 엄마들에게 "아이를 잘 안아 주세요?"라고 물어보곤 한다. 뜬금없다고 생각하는 분들도 물론 있을 것이다. 하지만 안아 주는 것만큼 아이에게 심리적 안정감을 주는 것도 없다. 아이는 그런 엄마의 품이 그리울 수 있다.

항상 나는 엄마들에게 말한다. 엄마의 기준으로 아이를 대하지 말라고, 아이가 괜찮을 거라 생각하고 막 다그치지 말라고, 지금은 엄마 말을 잘 듣는 것 같아도 나중에는 응어리 진 것들이 터져 나올 수 있다고 얘기한다.

그러면 엄마들은 겁을 먹고 "그럼 어떻게 해야 하나요?"라고 물어본다. 그럼 나는 "그냥 아이를 안아 주세요. 그리고 사랑한다는 말을 많이 해 주세요."라고 말한다. 이 말이 진부해 보일 수 있지만 한번 해 보면 이상하게도 아이의 마음이 녹는 것을 볼 수 있다.

육아는 힘들다. 그리고 중간 중간에 굉장히 견디기 힘든 시간들이 찾아오기도 한다. 사실 육아뿐만 아니라 우리 삶이 그렇다. 하지만 그 힘듦의 근원에는 늘 엄마와 아이, 서로에 대한 사랑이 깔려 있어야 한다. 그것만 있으면 다시 좋은 관계를 만들 수 있다.

우리는 자식과 헤어질 수 없다. 남녀 사이라면 상대방이 힘들게 하면 단칼에 헤어지자 하겠지만 내 아이와는 그럴 수 없는 관계인 것이다. 우리를 키운 부모님들을 생각해 보자. 지금도 우리 걱정뿐이다. 우리도 그런 걱정과 우려 속에 자란 자식이다. 엄마들은 내 아이는 나보다는 덜 걱정되게 자라게 하고픈 마음이 클 것이다.

훈육하기보다는 마음을 들여다보자. 훈육만 하려 든다면 아이는 자기를 혼내고 다그치는 것 같아 반항심만 키우게 된다. 그럴수록 아이는 내게서 더 멀어진다. 그러면 아이를 돕고 싶어도 도울 수 없다.

지금 내 아이가 내 말을 듣는 것보다 더 원하는 게 무엇인지 살펴보자. 아이는 엄마의 사랑을 먹고 자란다. 아이의 마음을 들여다본 다음에 아이에게 해결책을 제시해도 늦지 않는다. 사랑의 눈으로 아이의 마음을 들여다보면 놀라운 것들을 발견할 수 있을 것이다. 아이는 무수한 색깔의 감정들을 가지고 있기 때문이다.

그러면 훈육은 더 쉬워진다. 아이의 감정의 색깔에 맞춰서 아이에게 맞는 훈육을 하면 되기 때문이다. 엄마가 되는 것은 쉬워도, 엄마가 되어서 가야 할 길은 쉽지 않다. 그 길을 지금 아이와 함께 가고 있다. 그 길은 아주 길며 끝이 보이지 않을 수도 있다. 힘들게만 생각하지 말고 잠시 아이와 노닥거리며 쉬어 가도 괜찮다. 평생을 함께 가야 하는데 달려갈 필요는 없는 것이다. 아이는 오늘도 엄마에게 '내 마음을 봐 주세요.'라고 말하고 있을 수 있다. 우리에게는 아직 시간이 많다. 오늘 아이의 눈을 바라보며 말해 보자.

"엄마는 너를 사랑한단다. 엄마는 항상 너와 함께할 거야."

아이 말에 담긴 아이의 마음 들여다보기
04

아이가 하는 말을 곧이곧대로 듣고 믿어 버리는 엄마들이 있다. 아이의 말이 곧 아이의 생각을 나타낸다고 생각하는 것이다. 그러면서 왜 내 아이는 저렇게밖에 생각하지 못하고 말을 할까 걱정한다. 반항적으로 얘기라도 하면 엄마는 기분이 상해 버린다. 자신의 권위가 떨어지는 것 같아 아이를 더 제압하려고도 한다.

하지만 아이는 아직 자신의 생각을 세련된 말로 표현하는 것이 어려울 뿐이다. 자신의 생각을 구체적으로 표현하지 못하는 것이다. 무슨 문제라도 있으면 "엄마, 난 이런 것 때문에 지금 힘들어요."라고 말하기보다 다른 말로 표현하기도 하는 것이다. 그렇기 때문에 아이의 말을 잘 듣고 아이의 지금 마음을 사려 깊게 읽어 주어야 한다. 그렇게 아이의 말을 경청하고 공감하면 아이의 말속에 숨은 아이의 마음을 알 수 있다.

마음과 다른 말을 하는 아이

아이가 태권도를 배우고 싶다고 해서 엄마는 태권도 학원에 보내 주었다.

"나 태권도 가지 않을래. 사람도 많고 땀 냄새도 나고, 가면 머리가 아파서 못 가겠어."

어느 날부턴가 갑자기 이런 말을 자주 한다. 엄마 입장에서는 아이가 태권도를 배우고 싶다고 해서 기껏 학원을 보내 줬더니 이유 같지 않은 이유를 대면서 가지 않겠다고 그러는 것이다. 엄마는 그런 아이한테 화가 난다.

"보내 달라고 할 때는 언제고 가기 싫다고 그러니? 도대체 넌 왜 그러는 거니?"

아이는 자기 마음을 이해하지 못하고 화부터 내는 엄마를 보고 화가 난다. 그러니 아이도 엄마에게 말을 좋게 할 수가 없다.

"왜 화를 내? 엄마는 화만 내는 사람이야?"

"뭐라고? 당장 그만둬. 다시는 뭐 하고 싶다는 말 하지 마!"

아이도 엄마도 서로에게 감정이 상한 것이다. 엄마는 아이가 엄마 마음을 몰라준다고 생각하고, 아이는 아이대로 엄마가 자기 마음을 몰라준다고 생각하는 것이다. 아이가 이유 없이 불평하는 것이라고 엄마는 생각하고, 말 뒤에 숨겨진 아이의 마음은 보지 못했다. 아이는 태권도 학원에 가는 것에 대해 여러 가지 두려움을 가지고 있을 수 있다.

실제로 아이는 다른 아이들 사이에서 활발하게 하는 활동이 부담스러웠던 것이다. 기합 소리를 내고 발차기 같은 것을 하는 게 창피했다. 그러니 하루하루가 아주 곤욕스러웠을 것이다. 아이는 치료실에 와서 태권도 학원에서 받는 스트레스에 대해 이야기했다. 나는 엄마에게 아이의 마음을 얘기해 주었다. 엄마는 놀라면서 몰랐다고 말한다. 그냥 가기 싫다고 해서 다니지 말라고 했다는 것이다. 아이를 키우다 보면 이런 일이 비일비재할 수 있다. 그러므로 아이가 자기 마음을 엄마인 나에게만큼은 곧이곧대로 말해 주겠지 하고 섣불리 기대해서는 곤란하다. 어른도 마찬가지 아닌가? 우리도 기분에 따라, 상황에 따라, 상대방에 따라 속마음을 에둘러서 자주 표현하지 않는가. 아이 역시 부끄러워서 그럴 수도 있고 아직 구체적으로 이야기할 준비가 되지 않아서 그럴 수도 있다.

그렇기 때문에 엄마는 아이의 말에 담긴 아이의 속마음이 무엇일까 곰곰이 생각해 보아야 한다. 엄마는 아이가 그저 투정을 부리는 것이겠거니 생각해도 실상 아이는 무언가에 대해 많은 두려움을 안고 있을 수 있기 때문이다. 아이가 무엇을 불편해하고 있는지 알려면 좀 더 가까이에서 소통하려는 태도가 필요하다.

아이가 자기 기분을 상하게 한다고 아이의 말을 묵살하거나 너무 강압적인 태도를 보이면 아이는 자신의 마음이 무시당했다고 생각한다. 그래서 삐딱해진 말투로 엄마의 마음을 자꾸 찌르는 것이다.

아이가 하고 싶어했는데 싫어하게 되었다면 분명 어떤 이유가 있을 것이다. 엄마는 편안한 분위기에서 아이가 진짜로 자기가 하고 싶은 말을 할 수 있는 기회를 주어야 한다. 친절한 목소리로 "왜 태권도 학원이 가기 싫은데? 왜 태권도가 싫어진 거야?"라고 물어보는 것이다.

그러면 아이는 엄마가 무슨 말을 해도 자기를 이해해 줄 거라는 믿음을 가지고 하고 싶은 말을 할 수 있을 것이다. 엄마는 그때 아이의 감정을 읽어 주고 공감해 주며 아이가 원할 때는 해결책을 제시해 주면 된다. 아이의 말을 듣다 보면 말도 안 되는 생각을 한다고 생각할 수도 있다. 엄마들은 분명 애초에 자신의 선택이 옳다고 느낄 수도 있을 것이다. 아이가 지금 하는 말이 말도 안 되고 그렇게는 하지 않는 것이 좋다고 미리 생각해 버리는 것이다.

그래서 아이가 채 말을 다 하기도 전에 말을 끊어 버리거나 그런 것쯤은 그냥 참아 넘기고 학원에 가라고 얘기할 수도 있다. 아이의 말을 충분히 듣지 않고 아이의 마음을 알기도 전에 그런 말을 한다면 아이의 마음을 알 길이 아예 없어질 수도 있다. 자꾸 자기 말을 들어 주지 않으면 아이는 언젠가는 의사 표현 자체를 포기해 버릴 것이기 때문이다.

아이가 말을 반항적으로 한다면 그 뒤편에는 여러 가지 감정이 숨어 있을 수 있다. 반항심 뒤에는 아이의 두려운 마음이 있을 수 있

다. 엄마가 상처 입기 원하는 마음이 아닌 자기 마음을 알아달라고
외치는 마음이 아이의 말 뒤에 있을 수 있다.

아이가 반항적으로 말을 하면 엄마들은 기분이 나쁘고 아이가 예
의가 없다고 생각한다. 아이의 마음을 살피기도 전에 자신의 마음을
더 생각하는 것이다. 화가 나서 아이에게서 떨어지려 한다. 아이를
밀어내는 것이다. 그러면 아이는 자신의 마음을 더 알아달라고 더
반항적으로 말을 하기도 한다.

치료실에서 반항적이었던 아이

중학교에 미술치료사로 나갔을 때 일이다. 아이들 중에 반항적으
로 말하는 아이가 있었다. 내가 오년 언제나 "미술치료가 뭐예요? 선
미술치료가 치료가 되는지 전혀 모르겠어요. 전 이런 거 안 해도 되
요."라고 삐딱하게 말했다. 물론 나도 처음에는 기분이 좋지 않았다.
하지만 나는 아이의 말에 담긴 아이의 마음을 읽으려고 노력했다.

아이는 그런 말을 하면서 자신의 존재를 드러내려고 하고 있었
다. 아이는 나의 관심을 받고 싶었던 것이다. 반항적인 목소리로 자
신을 더 알리려 한 것이다. 나는 아이에게 "그래, 뭔가 네 기분을 불
편하게 한 것 같구나. 그냥 미술 활동을 즐기고 가면 되는 거야."라
고 이야기해 주었다.

아이는 멋쩍어하며 미술 활동에 참여했다. 나는 아이가 미술 활
동을 하면서 잘하는 것이 있으면 칭찬해 주었다. 그리고 항상 늦지

않고 빠지지 않고 참여하는 아이의 모습을 격려해 주었다. 그러자 아이는 반항적으로 말하는 것이 많이 줄어들었다. 아이는 반항적으로 말을 하지 않아도 충분히 자기 마음을 내가 알고 있다는 믿음을 갖게 된 것이다. 그 후로 아이와 나는 좋은 관계를 유지하며 마무리까지 잘할 수 있었다.

엄마와 아이의 관계도 마찬가지다. 엄마는 아이에게 나는 너를 믿고 있다는 확신을 보여 주어야 한다. 아이는 엄마가 자신을 믿고 있다고 생각하면 엄마에게 말을 잘할 수 있기 때문이다. 아이가 전달하는 말의 내용보다는 네 마음을 이해하고 싶고 너와 함께하고 싶다는 감정 표현이 가장 중요하다. 아이의 눈을 바라보며 엄마는 항상 너의 편에 서 있고 너를 믿고 있다는 마음을 보여 주어야 한다. 아이의 말에 온 신경을 집중시키지 말고 그렇게 말을 하고 있는 아이의 마음을 들여다보아야 한다.

아이의 말에 담긴 아이의 마음을 들여다보자. 아이는 자신의 감정을 이해받지 못하면 해결할 방법도 찾지 못한다. 그냥 그렇게 투덜거리며 말하는 애로 되어 버리는 것이다. 말 속에 숨은 아이의 마음을 들여다보고 아이의 감정을 알아줄 때 비로소 아이는 한 단계 더 성장 할 수 있다.

아이도 이해 못하는 아이의 감정 읽어 주기

05

우울함을 호소하는 청소년들을 만나 보면 지금 자신의 감정이 어떤지도 잘 모르는 경우가 많다. 우울해서 자꾸만 눈물이 나온다는 말을 할 뿐 아이는 자기가 왜 우울한지 모르는 것이다. 그런 아이들의 공통점이라면 어렸을 때부터 감정을 숨겼거나 감정을 읽어 줄 만한 사람이 주위에 없었다는 것이다.

내 마음, 나도 몰라요

아이는 어두운 얼굴로 미술치료실에 들어왔다. 짜증이 가득한 얼굴이었다. 내가 물었다.

"오늘은 기분이 안 좋아 보이는구나."

아이는 나의 말에 퉁명스럽게 답했다. "몰라요."

아이는 그림을 그렸는데 그림을 그린다기보다는 검정색 사인펜을 들고 거친 선으로 도화지에다 휘갈기듯 막 그어 댔다. 평소 미술 활동을 좋아했던 아이인데 오늘은 웬일인지 그렇지 않았다.

아이는 그림을 그리다 말고 말했다.

"짜증이 나요."

아이에게 물어보았다. "왜 짜증이 나는데?"

"그림이 잘 안 그려져서요." 아이는 힘없이 말했다.

"왜 잘 안 그려질까?"

"그리고 싶지 않아요."

"왜 그리고 싶지 않은데?" 나는 다시 물어봤다. 아이가 자신의 얘기를 할 수 있게 이끌어 가기 위해서였다.

"기분이 별로 좋지 않아서요."

아이는 친구들과 미술 치료를 오기 전에 키즈카페에 놀러 갔다. 그런데 같이 간 친구들이 자기들이 하고 싶은 것만 해서 짜증이 난 것이었다.

"그래, 기분이 안 좋았겠다. 그래서 오늘 기분이 안 좋았구나. 그럴 수 있어. 친구들이랑 잘 놀고 싶은데 못 놀아서 화가 나지. 많이 기대했을 텐데 굉장히 속상했겠다."

이렇게 말하자 아이 얼굴에서 짜증이 사라지는 기색이 보였다. 아이는 아무 말도 하지 않고 고개를 끄덕이며 클레이를 가져왔다. 좋아하는 장미를 만들고 그걸 종이 접시에 붙였다. "선생님, 선물이에요. 가져요."

아이는 자신의 감정을 이해해 준 내가 고마워서 선물을 주고 간 것이었다. 아이는 다소 기분이 풀린 듯한 모습으로 미술치료실을 나갔다.

그러고 나서 아이의 엄마가 상담을 하러 들어왔다.

아이 엄마는 다소 격양된 말투로 말을 꺼냈다.

"쟤 때문에 창피해서 혼났어요. 친구들하고 노는데 글쎄 혼자만 어울리지 못해요. 그리곤 갑자기 짜증이 났는지 사람들 앞에서 막 소리를 지르더라고요. 그래서 제가 아이를 혼냈어요."

나는 물어보았다.

"사람들 앞에서 혼을 냈나요?"

"아니요, 불러서 얘기하기는 했는데 아이들이 쳐다보고 있긴 했어요."

나는 그제야 아이가 왜 그렇게 화가 났는지 알 수 있었다. 친구들과 못 놀아서 안 그래도 화가 나 있는데 그런 상태에서 아이들이 자기가 엄마한테 혼나는 것을 알아 버렸으니 미술치료실에 올 때까지 아직도 그 화가 풀리지 않았던 것이다.

나는 물었다. "어머니, 아이의 기분을 생각해 보셨나요?"

"기분이요? 잘못을 했으면 혼을 내야 하는 거 아닌가요?"

"그렇죠. 잘못을 했으면 혼을 내야죠. 근데 우선 그전에 아이의 기분이 어떨지 공감해 줄 필요가 있어요. 안 그러면 아이는 혼이 나도

　　　　　　　　　　　엄마와 아이를 위한 마음 챙김

왜 혼이 나야 하는지도 모르고 엄마만 원망하게 되죠."

내가 이렇게 말하니 엄마는 이렇게 대꾸한다.

"공감이요? 쟤는 항상 그래요. 오늘도 그러는데 제가 이제 더는 못 참겠더라고요."

엄마 마음도 이해는 갔다. 그 아이는 예민해서 주변의 작은 자극에도 감정 변화가 심하다. 매번 이런 상황이 반복되니 아이를 다루는 것이 쉽지는 않았을 것이다. 엄마도 쌓이고 쌓인 감정이 오늘 터진 것이다.

나는 엄마의 마음을 공감하면서 엄마에게 아이가 자기 감정을 잘 조절할 수 있게 도와주자고 말했다. 그러기 위해서는 지금 자기 감정이 어떤지 엄마가 비춰 줄 필요가 있다고 말했다.

엄마는 어떻게 해야 하는지 물었고, 나는 우선 아이의 행동보다도 속상한 마음을 읽어 주고 공감해 주어야 한다고 말했다. 지금 아이의 감정은 친구들과 놀고 싶은데 그러지 못해서 생긴 섭섭한 마음, 친구들 앞에서 자기를 혼낸 엄마를 원망하는 마음이 뒤섞여 있다. 이런 마음이 어떤 마음인지 모른 채 짜증만 나는 상황일 것이다.

아이는 친구들과 잘 놀고 싶었을 것이다. 이날을 위해 며칠 전부터 설렜을 것이다. 하지만 오늘 잘 놀지 못해서 너무 화가 난 것이다. 화가 난 상태에서 엄마까지 불러서 혼을 냈고 그 광경을 친구들이 보고 있었으니 얼마나 창피하고 엄마가 밉겠는가. 아이의 그런 마음을 읽어 줄 필요가 있는 것이다.

그다음 아이가 짜증을 내면서 했던 행동에 대해서는 사람들 앞에서 그런 행동을 하면 안 된다고 한계를 정해 주는 것이 좋다. 어른들도 속상한 마음이 들면 친구들과 얘기하면서 공감을 받기를 원한다. 그리고 그 과정에서 어떤 친구는 내가 왜 그렇게 속상한지 이해하고 해결책을 제시해 줄 수도 있다. 그러면 우리도 마음이 뻥 뚫린 것 같은 기분이 들면서 나도 몰랐던 속상했던 이유를 알게 되는 것이고 해결책도 나오는 것이다. 하지만 만약 친구가 나에 대해 비판이나 질타만 했다면 나는 내 감정을 공감 받지 못했다는 것에 더 화가 나고, 그 친구에 대해 섭섭함이 클 것이다.

아이의 감정을 읽어 주고 공감해 주자

아이도 마찬가지다. 자신의 감정을 읽어 주고 공감해 줄 사람이 필요하다. 그 역할을 엄마가 해 주어야 한다. 물론 아이의 친구나 다른 사람이 그 역할을 해 줄 수 있지만 엄마만큼 아이의 말을 인내심을 가지고 들어 줄 사람이 또 있을까? 엄마가 공감해 주지 않으면 아이는 자기 감정을 표현해 봐야 결코 좋은 게 없다고 느끼게 된다. 아이는 자신의 부정적인 감정이 나쁜 것이라고 생각하고 자기 감정을 숨기게 되는 것이다. 하지만 그 숨기는 감정들은 언젠가 더 이상 감당되지 않을 때 불현듯 터져 나오게 되어 있다.

그러므로 아이가 어떤 일을 겪었을 때 엄마는 왜 그런 일이 생겼는지, 그 일로 인해서 어떤 기분이 드는지 먼저 살펴야 한다. 그렇게 하고 나서 해결책을 제시해도 늦지 않다. 그러면 아이는 엄마를 신뢰하게 되고 그런 일이 또 일어났을 때 자기 감정을 조절하면서 그 상황을 스스로 해결할 수 있게 된다.

엄마라면 당연히 누구나 아이가 꽃길만 걸으며 살게 해 주고 싶을 것이다. 하지만 우리도 인생을 살아 보며 깨달았듯이 인생길에는 꽃길만 있지 않다. 중간에 돌부리가 나올 수도 있고, 큰 바위가 있어서 넘어가기가 힘들 때도 있다. 아이가 이런 난관을 잘 헤쳐 나갈 힘을 기를 수 있게 하려면 무엇보다 아이도 스스로 알지 못하는 자신의 복잡한 감정을 읽어 줄 필요가 있다. 자신이 갖고 있는 감정이 무엇인지 아는 아이는 이 험난한 세상을 헤쳐 나갈 내면의 힘을 갖게 된다.

많은 청소년들이 사춘기가 되면서 다양한 감정들을 마주하게 된다. 혼란스러운 자신의 감정을 이해해 주는 사람이 곁에 있다는 것만으로도 아이는 자기 감정을 조절하며 건강한 성인으로 성장할 수 있다. 그 연습을 아이가 어렸을 때부터 엄마가 함께하는 것이다.

아이의 감정을 읽어 주는 것은 어렵지 않다. 아이의 입장이 되어 보고 그에 따라 반응해 주면 된다. 아이의 행동에 대해서는 잠시 눈을 감고, 아이의 입장이 되어서 아이가 어떤 기분이었을까 생각해 보는 것이다. 그리고 그 과정을 통해서 느껴지는 감정에 대해 아이와 이야기를 나누는 것이다.

아이가 짜증을 내면 "화가 나서 짜증이 나는구나. 그렇지?"라고 물어본다. 그러면 아이는 자신의 감정이 이해받았다고 생각할 뿐만 아니라 지금 자신의 감정을 표현할 단어도 갖게 된다. 그래서 나는 미술치료를 할 때 자신의 감정의 색깔을 만들어 보라는 작업을 많이 한다. 아이들은 이를 통해 자기 감정이 어떤 색깔을 띠는지, 그 색깔이 어떤 걸 연상시키는지 생각해 보는 시간을 갖고 그런 감정들을 어떻게 조절해 나갈지를 배운다.

자기 감정이 무엇인지 알 수 있을 때 아이는 비로소 그것들로부터 자유로울 수 있다. 복잡 미묘한 자신의 감정이 무엇인지 혼란스러워하며 우울해하기보다 그 감정이 무엇인지 잘 알고 스스로 조절해 나가는 것이다. 그것을 엄마가 도와주는 것이다.

"도대체 너는 왜 그러는 거니?" 이것은 행동에 초점을 두는 대화다. 이런 식의 대화에 참여하고 싶은 사람은 아무도 없을 것이다.

아이도 이해 못하는 아이의 감정을 읽어 주자. 엄마는 아이의 감정을 비춰 주는 거울과도 같은 존재다. 아이가 어떤 감정을 갖고 있는지 그것을 비춰 주는 것이 필요하다. 아이는 그렇게 감정에 솔직한 아이로 자라는 것이다.

아이의 모습 그대로 인정하기

06

아이의 모습을 그대로 인정하라는 말은 굉장히 쉬워 보인다. 내 아이를 내 아이로 바라보고 인정하는 것이 어렵겠나 생각하는 사람도 있을 것이다. 그러나 의외로 많은 부모들이 내 아이의 모습 그대로를 인정하지 못하고 있다. 엄마들은 자기가 보고 싶은 아이의 모습을 스스로 만들어 내서 그 시선으로 아이를 바라보고 있기 때문이다.

엄마는 자기도 모르게 마음속에 이상적인 아이를 꿈꾼다. 사람들이 흔히 생각하는 엄친 딸, 아들의 이미지를 마음속에 그려 놓고 내 아이를 바라보고 있는지도 모른다. 그러니 내 아이가 마음에 들 리가 없다. 자기가 상상하는 아이의 이미지와는 반대로 행동하는 아이가 문제가 많다는 생각이 들고 걱정스럽다. 과연 우리는 아이의 모습 그대로를 인정하고 있는가? 아니면 내가 내 아이이길 바라는 그 아이의 이미지로 내 아이를 보고 있는가? 한번 생각해 볼 필요가 있다.

아이에 대한 불만만 많은 엄마

상담을 와서 입만 열면 아이에 대한 불만을 늘어놓는 엄마가 있다. 엄마의 얘기를 들어 보면 아이는 하나부터 열까지 괜찮은 구석이라곤 하나도 없다. 엄마는 아이의 행동이 너무나 싫다는 표정을 지어 보이며 아이에 대해 얘기할 때 냉소를 짓기도 했다. 미술치료실에서 내가 본 아이는 너무 사랑스러운데 엄마가 말하는 아이는 내가 만나는 아이가 맞나 싶을 정도로 다른 아이였다.

도대체 무엇이 문제일까? 엄마는 아이와 매일 만나면서도 아이에 대해 잘 모르는 것 같았다. 미술치료실에서 아이는 호기심이 많아 신기한 재료들을 찾아 만져 보기를 좋아한다. 엄마는 그런 아이의 모습을 산만함이라고 표현한다. 아이는 자신의 감정 표현을 잘하는데 엄마는 그것을 제멋대로 행동한다고, 버릇없다고 말한다. 엄마가 아이를 잘 알지 못하니 아이의 일거수일투족이 맘에 들지 않는 것이다. 아이는 그런 엄마의 눈치를 보느라 바쁘다.

아이가 말만 하면 엄마는 짜증난다는 눈빛으로 아이를 쳐다본다. 아이는 엄마가 왜 그러는지 몰라 엄마에게 짜증을 낸다. 그러면 엄마는 속상한 듯 치료실을 나가는 아이의 뒷모습을 쳐다보며 이렇게 말한다.

"선생님, 쟤 봐요. 항상 저런 식으로 행동한다니까요. 밖에서도 그래요. 아주 창피해 죽겠어요."

나는 아이가 오늘 치료실에서 보여 준 것들에 대해 얘기했다. 아이는 미술 활동을 굉장히 좋아한다. 여러 가지 재료를 조합해서 만드는 것을 좋아한다. 그러니 창의력도 좋아져서 매주 신기한 것들을 만들어 낸다. 이제는 나에게도 마음을 많이 열어 작품을 만들 때 내 의견을 묻기도 하고 어려운 걸 해내야 할 땐 도움의 손길을 요청하기도 한다.

엄마는 기분이 좋아진다. 아이가 역시 기대한 만큼이나 미술 활동을 잘했기 때문이다. 하지만 아이의 행동은 마음에 들지 않는다. 여기 오는 내내 아이와 실랑이를 했다. 내가 그 엄마와 아이를 보면서 가장 안타까웠던 것은 서로 굉장히 사랑하지만 같은 곳을 바라보고 있지는 않다는 것이었다. 아이는 엄마의 사랑을 원하며 엄마를 바라보고 있지만, 엄마는 마음속에 있는 다른 아이를 바라보고 있는 것이다.

내 마음속 아이는 내 아이가 아니다

엄마들이 이런 말을 할 때가 있다.

"내 아이는 순한 아이가 태어날 줄 알았어요."

순한 아이가 태어날 거라 생각했는데 낳아 보니 그렇지 않다. 시도 때도 없이 울고, 밤에는 잠도 잘 못 잔다. 엄마는 너무 힘들다. 머릿속에 꿈꿔 왔던 아이는 순한 아이였는데 내 아이가 예민한 아이라니, 엄마는 그런 사실을 인정하기 힘들다. 그러니 애를 볼 때면 죽을 맛이다.

육아가 너무 힘들다. 매일매일이 스트레스다. 스트레스가 쌓인 엄마는 우울해진다. 그러니 아이가 밉다. 나를 왜 이렇게 힘들게만 하는지 순한 아이가 아닌 내 아이의 있는 그대로의 모습을 인정하기 힘들다.

주위에 순한 아이를 낳은 친구가 있으면 더더욱 내 아이가 예뻐 보이지 않는다. 그 아이는 우유를 먹고 잠만 자는데, 내 아이는 그렇지 않기 때문이다. 나를 힘들게 하기 때문이다. 다른 아이들과 다른 내 아이를 어떻게 키워야 할지 불안하다. 아이를 잘 키우고 싶은데 마음 같지 않아 속상하다. 부모의 불안과 아이를 잘 키워야겠다는 마음이 아이를 있는 그대로 보지 못하게 한다. 자기 마음속에 꿈꾸는 아이를 보느라 진짜 내 아이는 제대로 보지 못하고 있기 때문이다.

엄마 마음속에 있는 아이는 내 아이와 전혀 다른데 마음속 아이의 모습을 진짜 내 아이에게서 찾으려 하니 얼마나 못마땅한 구석이 많겠는가. 엄마가 원하는 대로 커 주니 않는 아이가 야속하기만 하다. 그러니 아이만 봐도 짜증이 난다. 내 아이의 모든 행동이 마음에 들지 않는 것이다.

엄마와 아이를 위한 마음 챙김

요즘 영상 매체들은 가뜩이나 그런 엄마들의 마음속에 가짜 아이를 만들도록 부추긴다. TV에서 보이는 영재들을 보면 내 아이는 왜 저렇지 못할까 생각하게 된다. 그리고 그 아이를 마음속에 이상화시키면서 그 시선으로 내 아이를 바라본다. TV 속 아이는 영어로 얘기하고 쓰는데 내년이면 학교에 가는 내 아이는 한글도 못 읽으니 한심해 보인다. 아이나 엄마나 얼마나 힘든 일인가. 아이는 엄마에게 인정받지 못해 힘들고, 엄마는 그런 아이를 보며 힘들고, 둘 다에게 전혀 도움이 되지 않는 일이다.

진짜 내 아이를 찾아보자

아이를 키우는 데 있어서 중요한 것은 내 아이의 모습 그대로를 인정하는 것이다. 말은 쉬워 보이지만 어렵기도 하다. 매일 보는 내 아이를 나 말고 누가 제일 잘 알겠느냐고 말은 하지만 아이의 행동을 볼 뿐 아이의 마음을 들여다보지 않기 때문이다. 내 아이의 모습 그대로를 인정하는 것은 우리 엄마들만이 할 수 있는 일이다. 엄마는 아이와 제일 많은 시간을 같이 있는 사람이기 때문이다.

내 마음속에 만든 가짜 아이를 버리고 진짜 내 아이를 보아야 한다. 어떻게 진짜 내 아이를 볼 수 있을까? 아이의 마음을 들여다보는 것이다. 내 아이가 어떤 마음을 가지고 있는지, 그 마음을 어떻게 표현하고 있는지 대화나 놀이를 통해 알 수 있다. 아이가 학교에서 돌아오면 학교에서 무엇을 했는지보다 어떤 일이 있었는지 물어본다.

아이들은 재잘거리며 얘기하기 바쁠 것이다. 친구들의 이름을 하나하나 열거하면서 얘기할 수도 있다. 생각 외로 내 아이에게 많은 일이 일어나고 있음을 알 수 있다.

놀이를 통해서도 아이는 자기 마음을 잘 표현한다. 아이는 엄마와의 놀이를 통해 편하게 자신의 마음을 얘기한다. 아이와 같이 있는 시간에 아이와 좋은 관계를 만들기 위해 한 걸음 다가가는 것이다. 엄마와의 관계가 좋으면 아이는 더 많은 얘기를 하기 때문이다. 그동안 아이에게 이런 모습을 보인 적이 없는 엄마일 경우 아이가 어색해할 수 있다. 이전과 달리 엄마가 왜 이러는지 알 수 없고, 갑자기 그동안의 서러움이 밀려올 수 있다. 그런 아이의 다양한 감정들과 마주하는 것이다. 그리고 진짜 내 아이를 알아 가는 것이다.

그동안 남들보다 공부에 뒤처지는 아이였다면 다른 아이와 비교하기보다 내 아이가 어떤 부분이 부족해서 학습을 따라가지 못하는지 살펴본다. 뭔가 공부에 집중하지 못하게 하는 문제가 있는 것은 아닌지 알아보는 것이다. 내 아이가 친구들과 잘 어울리지 못한다면 공부도 잘하고 친구가 많은 엄마 마음속 아이의 이미지를 버리고 친구가 없어서 외로웠을 내 아이의 마음을 어루만져 준다. 그리고 아이와 함께 해결 방법을 찾아보는 것이다.

내 아이를 있는 그대로 인정하고 아이를 바라본다면 내 아이가 전보다 훨씬 사랑스러울 것이다. 아이는 엄마의 인생에 보물 같은 존재다. 내 옆에 있는 것 자체가 값진 것이다. 언젠가는 다이아몬드가 될 원석을 바라보면서 다이아몬드가 아니라고 실망할 것인가? 아니면 원석을 있는 그대로 인정하고 다이아몬드가 될 수 있도록 도와줄 것인가? 지금 원석인 내 아이에게 실망할 필요 없다. 우리는 엄마니까 알아야 한다. 원석인 내 아이가 언젠간 다이아몬드가 될 거란 걸, 그때 잘 빛날 수 있도록 옆에 있어 주는 것이 엄마라는 걸.

내 아이를 주인공처럼 대하라

07

누구나 한 번뿐인 인생, 주인공처럼 살다 가고 싶을 것이다. 남의 인생을 연출해 주는 사람도, 남의 인생에 조연처럼 살다 가는 사람이 아니라 내 인생의 주인공으로 살다 가고 싶은 것이다. 내 아이에 대해서도 마찬가지일 것이다. 내 아이가 주인공처럼 삶을 사는 것을 그 누구보다도 엄마는 바랄 것이다.

그렇게 되기 위해서는 가정에서부터 실천이 되어야 한다. 내 아이를 주인공처럼 대해야 한다. 모든 것을 스스로 결정하고 행동하는 자기 삶의 주체자로서 살게 해야 하는 것이다. 그럴 때 비로소 자신의 삶을 사는 주인공다운 인생을 살게 되는 것이다.

미술치료를 하다 보면 다양한 아이를 만난다. 아이의 성격도 제각각이다. 나는 항상 엄마들에게 말한다.

"저는 한 번도 똑같은 아이를 보지 못했습니다."

말투, 몸짓, 좋아하는 것 등등 무엇 하나 똑같은 아이를 보지 못했다. 이처럼 아이는 자기만의 색깔이 있다. 누구도 대신 내어 줄 수 없는 자신만의 색깔을 스스로 가지고 있다. 그래서 본래 아이는 자기 색깔에 맞게 인생을 살게 되는 것이다. 다른 사람처럼 사는 삶이 아닌 자신만의 삶 말이다.

자신의 인생 안에서 자신만의 색깔로 주인공처럼 사는 것이다. 내 아이가 인생에 조연처럼 살다간다면 얼마나 슬프겠는가. 하지만 의외로 많은 엄마들이 내 아이가 스스로 조연이길 자처하는 삶을 살게 한다.

스스로 하는 것이 어려운 아이

한 아이가 있다. 아이는 혼자서 할 수 있는 게 별로 없다. 아이는 미술치료실에 오면 나에게 도와달라는 말을 많이 한다. 물론 치료사와 같이 작업을 하고 싶어서 그러는 아이도 있다. 하지만 이 아이는 아니었다. 남의 도움 없이는 혼자서 어떤 것을 하든 불편해하는 아이였다.

아이의 엄마는 어렸을 때 많이 아팠던 아이를 과잉보호하고 있었다. 가까운 곳에 학교가 있는데도 차로 데려다 주고 데리고 왔으며, 아이가 도와달라는 말을 하기도 전에 아이가 불편하지 않게 미리 모든 것을 해 주었다.

나는 아이가 스스로 재료 선택을 하도록 했다. 처음에 내게 계속 물어보던 아이도 지금은 자기가 직접 그림을 그리고 만들기를 할 재료를 찾아서 표현한다. 그게 일상생활에도 적용되었다. 아이는 집에서 점점 더 많은 것에 대해 혼자서 스스로 선택하고 행동하게 되었다.

엄마가 아이를 챙겨 주는 게 뭐가 문제일까? 아이 엄마인 내가 챙기지 누가 하냐고 할 수도 있다. 하지만 이런 아이들은 의존적인 성격을 갖게 될 수 있다. 누군가 자기를 챙겨 주지 않으면 스스로 할 수 있는 것이 없게 되는 것이다.

자존감도 많이 낮다. 스스로 노력해서 이룬 것이 없으니 자신의 가치를 높게 생각하지 않는다. 그렇기 때문에 항상 자기를 대신해 줄 사람을 찾는다. 그리고 그 사람에게 의존하게 되는 것이다. 그렇게 하는 것이 무언가를 하기 전에 두려움을 갖는 것보다 편하기 때문이다.

뭔가를 결정할 때도 마찬가지다. 우리가 인생을 살면서 중요한 결정들을 해야 할 때가 있다. 이때도 아이는 자신의 결정을 남의 생각에 맞춰 버리는 것이다. 결정을 해 주는 사람에게 끌려 다니게 되는 것이다. 이런 아이는 자신의 인생에서 결코 주인공이 될 수 없다.

스스로 하는 아이로 만들자

엄마들은 항상 불안하다. 혹여나 내 아이가 다칠까, 자기가 없는 곳에서 무슨 일이 있지는 않을까 하는 두려움을 갖고 있다. 내 아이는 내가 지켜야 한다는 생각도 강하다. 그렇기 때문에 일어나지 않을 미래를 상상하면서 아이의 삶을 대신 살아 주려고 하는 것이다.

아이들은 혼자 스스로 하는 것을 좋아한다. 그래서 어렸을 때 혼자서 옷을 골라 입어 보기도 하고, 엄마 손을 뿌리치고 혼자 걷기도 하는 것이다. 그런 여러 경험을 통해 아이들은 스스로의 가치를 시험한다. 내가 어디까지 할 수 있을까 궁금해 하면서 호기심을 가지고 세상을 탐구해 보는 것이다.

이럴 때 엄마가 노심초사하면서 도와주면 아이는 처음에는 반항하다가 이내 엄마 뜻에 따르게 된다. 엄마의 손을 잡고 걷거나 엄마가 골라 주는 옷을 입는 것이 어느 순간 편해졌기 때문이다. 엄마는, 그렇게 되기를 원치는 않지만, 아이가 스스로 무언가를 도전하고 깨달아 가는 걸 방해하는 것이다.

엄마는 아이가 스스로 결정할 수 있는 능력을 길러 주어야 한다. 그래야 자기 인생의 주체자로 스스로 설 수 있다. 엄마들은 조급한 마음에 아이가 갖고 있는 문제에 대해 그 답을 미리 알려 주기도 한다.

하지만 우리가 문제를 풀 때를 생각해 보자. 누군가 답을 알려 주면 편하게 그 문제를 넘어갈 수 있지만 우리는 그 문제의 진짜 답은 평생 모르고 살아갈 수 있다. 아이도 마찬가지다. 엄마가 미리 아이에게 문제의 답을 내어 준다면 아이는 평생 그 답의 의미를 알지 못

한 채 살아갈 수 있다. <u>스스로 노력해서 푼 문제가 아니기 때문이다.</u>

내 아이가 자기 인생의 주인공이 되도록 도와주자

아이에게 결정권을 주어야 한다. 엄마는 답을 내어 주는 사람이 아니라 단지 그 과정을 함께하는 사람이 되어야 한다. 아이 <u>스스로 문제의 해결책을 찾기 위해 노력하는 사람이 되도록</u> 옆에서 도와 주는 것이다.

어렸을 때는 아이의 인생에서 엄마가 주인공이었다. 엄마가 없으면 아이는 아무것도 할 수 없었기 때문이다. 어떤 아이들은 사춘기가 되면 자신의 삶에서 주인공 자리를 차지했던 엄마를 밀어내려고 엄마와 싸움을 하기도 한다. 현명한 엄마라면 아이가 크면 주인공 자리를 아이에게 넘겨주어야 한다. 엄마가 계속 아이의 인생에서 주인공을 하겠다고 버티면 아이는 앞으로도 절대 인생에서 주인공이 될 수 없다. 성인이 되어서도 <u>스스로 자처해서 조연으로 머물고 싶어 할 수 있다.</u>

엄마가 자기 인생에서 주인공이 되어서 통제권을 휘둘렀다면 아이는 또다시 그런 상황이 올까 봐 두렵다. 아이가 외로워서 엄마에게 기대고 싶어도 엄마가 다시 자기 인생을 좌지우지할 것을 두려워해 쉽게 기대지 못한다. 아이에게는 쉴 수 있는 쉼터가 없는 것이다. 그래서 마음의 안식을 찾겠다고 게임이나 휴대폰, 친구들에게 의지하게 된다.

내 아이를 주인공처럼 대하라. 이렇게 말하면 엄마들은 이 이상 어떻게 더 아이에게 잘해 주느냐고 묻는다. 아이한테 잘해 주라는 말이 아니다. 엄마들은 이미 충분히 아이한테 잘해 주고 있다. 아이가 인생의 주인공으로 살아가기 위해서는 자기 인생의 답을 스스로 구하고 얻을 수 있도록 도와야 한다는 것이다.

　답을 스스로 얻으면서 인생의 각종 문제를 해결해 나갈 때 아이는 진정으로 자신의 인생에서 주인공이 되는 것이다. 아이가 문제가 있으면 상처받은 마음을 위로해 줄 필요는 있다. 엄마가 자기편이고 자기를 믿는다는 것을 보여 주는 것이다. 그리고 해결책을 알려 주고 강요하는 것이 아니라, 아이에게 어떻게 할 것인가를 묻는 것이다. 때에 따라서는 조언을 해 줄 수도 있다. 아이가 자기 선택에 확신을 가지고 나아갈 수 있도록 방향을 보여 주는 것이다.

　엄마는 아이의 인생을 대신 살아 줄 수 없다. 아이의 성격의 색깔은 너무나 다양하기 때문에 그 누구도 아이의 삶을 대신해 줄 수 없는 것이다. 아이는 오늘도 인생에 주인공이 되기 위해 세상과 맞서고 있다. 엄마가 자신을 내려놓고 아이를 바라보며 아이가 잘 성장할 수 있도록 묵묵히 기다려 주자. 그러면 언젠가 아이는 세상에서 자신의 존재감을 나타내며 주인공으로 우뚝 서 있을 것이다. 그때 아이의 옆에서 엄마도 자신의 인생에 주인공으로 인생이라는 무대에 같이 서 있으면 되는 것이다.

하루 10분, 일주일만 노력해 보기

08

아침부터 엄마는 바쁘다. 아이를 깨우고, 아침을 먹여 서둘러 학교에 보낸다. 방과후 아이를 학원 시간표에 맞춰 보내는 일과 저녁 준비와 숙제 점검 및 잘 시간에 아이를 재우는 것도 엄마 몫이다.

직장에 다니는 엄마들은 아침 시간에 더 정신없다. 아이를 빨리 학교에 보내야겠다는 생각에 마음이 다급하다. 직장에 갔다 와서는 아이의 숙제를 봐 주고, 내일을 위해 서둘러 아이를 재운다. 아이의 하루가 궁금하지만 문제가 있으면 말하겠지 생각하면서 피곤한 하루를 마무리한다.

이런 일이 반복되다 보면 엄마와 아이의 감정의 골은 깊어만 간다. 자기 마음을 표현할 곳이 없는 아이의 얼굴은 늘 울상이다. 엄마는 그런 아이가 답답하다. 말은 하지 않고 끙끙대기만 하는 아이

엄마와 아이를 위한 마음 챙김

가 영 마음에 들지 않는다. 아이에게 말 좀 해 보라고 다그치지만 아이는 엄마에게 짜증만 낸다. 그런 아이를 엄마는 혼내고, 아이는 울어 버린다.

아이는 커 가면서 자기 마음을 알아주지 않는 엄마에게 말하기를 멈추어 버린다. 사춘기가 되면 방문과 함께 마음 문도 닫게 된다. 그제야 엄마는 생각한다. '얘가 도대체 왜 이러는 걸까?'

엄마와 아이, 서로에게 가장 소중한 사람들이 마음을 공유하지 못한다. 뭐가 문제일까? 조급한 마음 때문이다. 하루는 생각보다 짧다. 바쁜 오늘을 정리하면서 내일은 아이와 시간을 보내야지 하지만, 내일도 오늘처럼 엄마의 마음에는 여유가 없다. 매일 해야 할 것들이 산더미인 엄마의 마음에는 항상 조급함이 있다. 이런 상황에서 아이의 마음이 보일 리 없다.

엄마는 아이가 스스로 마음을 표현해 주었으면 좋겠다고 생각하고, 아이는 자신의 마음을 말하지 않아도 엄마가 알아줬으면 좋겠다고 생각한다. 아이는 오늘 하루 많은 일이 있었는지도 모른다. 친구와 싸웠을지도 모르고, 학교에서 선생님에게 혼났을 수도 있다. 아니면 굉장히 좋은 일이 있었을지도 모른다.

엄마에게 말해 주고 싶고 자신의 마음을 알아줬으면 좋겠다고 생각하지만, 말 좀 하라고 다그치기만 하는 엄마가 야속하다. 그런 엄마에게 뜬금없이 자신의 이야기를 꺼낸다는 게 아이에게는 어려운 일이다. 아이가 어릴 경우 자신의 마음이나 행동의 이유를 엄마에게 말로 표현하기가 더 어려울 수 있다. 아이의 속마음을 알고 싶다면 아이가 자신의 마음을 얘기할 수 있도록 충분한 시간을 줘야 한다. 자신의 마음을 잘 표현할 수 있기까지 시간이 오래 걸릴 수 있기 때문이다.

이런 것이 익숙지 않은 엄마에게는 더 어렵고 피곤한 일일 수 있다. 그럴 때는 엄마와 아이가 마음이 편해졌을 시간에 아이의 마음을 들여다보는 연습이 필요하다. 이런 연습을 꾸준히 한다면 아이는 자신의 마음을 엄마에게 여는 것이 익숙해지고, 나중에는 엄마가 물어보지 않아도 자기 마음을 잘 표현하는 아이가 될 것이다.

아이는 물질적인 것만 원하지 않는다

치료실에 올 때 항상 과자나 장난감을 들고 오는 아이가 있다. 이게 뭐냐고 물어보면 아이는 "엄마가 오늘 유치원 잘 갔다고 사 줬어요."라고 말한다. 하지만 그것도 잠시, 아이는 이내 부모 상담을 하려고 치료실에 들어오는 엄마를 보고 칭얼거리기 시작한다. 그런 아이에게 엄마는 또 왜 그러냐며 짜증을 낸다. 치료실까지 쫓아와 엄마한테 떼쓰는 아이를 억지로 떼어 놓고 나서 엄마는 한숨을 쉬며 말한다.

"선생님, 쟤는 항상 불만이 많아요. 제가 이렇게 해 주는데도 저래요."

엄마는 아이를 이해할 수 없는 게 당연하다. 칭찬할 일이 있어서 과자도 사 주고 장난감도 사 주었지만 아이의 행동은 여전하기 때문이다. 나는 요즘 무슨 일이 있었냐고 물어봤다. 아침마다 유치원에 가기 싫다고 떼를 쓰고 어제는 자기를 때리기도 했다는 것이다. 왜 가기 싫으냐고 물어보면 모른다며 운다는 것이다. 그래서 아이에게 매를 들었다는 것이다. 오늘 아침은 잘 가서 장난감을 사 줬다고 한다. 엄마는 아침마다 너무 힘들고 아이가 미워 보이기까지 한다고 말한다.

아이의 잘한 행동에 돈을 써서 선물을 사 주었으니 엄마는 아이에게 할 만큼 다 했다고 생각하고, 충분히 보상을 해 주었다고 생각한다. 그러나 아이의 행동은 여전하고 엄마는 지친다. 그런 엄마를 보며 아이는 더 떼를 쓴다. 어쩔 때는 물건을 던지고 엄마를 때리기도 한다.

엄마는 아이가 이유 없이 유치원을 가기 싫어한다고 생각할 수도 있고, 일부러 자신을 괴롭히려고 저러는 건가 하는 생각도 든다. 하지만 아이의 행동에는 분명히 이유가 있다. 자기의 행동을 말로 표현하기 어려운 어린아이들은 엄마에게 떼를 쓰는 것으로 자기가 받는 스트레스를 표현하기도 한다. 오늘은 유치원에 잘 갔지만 엄마에게 맞기 싫어서 잘 가는 척했을 뿐이고 아이의 입장에서는 기존에 갖고 있었던 문제는 전혀 해결되지 않은 것이다. 그러니 아이는 짜증만 쌓이고 엄마만 보면 보채는 것이다.

이런 경우 아이에게 선물을 사 주는 것보다 더 시급한 것은 아이의 마음을 들여다보는 일이다. 나는 엄마에게 하루 10분씩 일주일 동안 아이의 마음을 들여다보자고 얘기한다. 내가 그런 말을 하면 의외로 많은 엄마들이 당황한다. 엄마들은 아이와 이미 많은 대화를 하고 있으며 자기는 임무를 충실히 하고 있다고 말한다.

여기서 내가 말하는 10분은 온전히 아이와 함께하는 시간을 말하는 것이다. 밑도 끝도 없이 갑자기 아이에게 오늘 하루가 어땠는지 물어보는 것이 아니다. 하루에 10분만이라도 아이와 엄마가 온전히 서로의 마음을 확인하는 시간을 갖자는 것이다.

이때 아이가 좋아하는 놀이를 같이하면서 아이의 마음을 알아보는 시간을 갖는 것이 좋다. 아이의 숙제와 준비물은 잘 챙겨 주면서 정작 아이와 노는 데는 인색한 엄마들이 많다. 아이가 무언가를 하고 있다면 관심 있게 바라봐 주고 무엇을 하고 있는지 물어본다. 아이와 할 수 있는 놀이를 먼저 제안해 보는 것도 좋다. 아이와 함께 놀면 엄마와 아이의 관계가 좋아질 수 있다.

아이는 놀면서 자연스럽게 오늘 있었던 일을 얘기하고 엄마에게 어떻게 하면 좋을지 물어볼 수도 있다. 문제가 있을 때는 같이 얘기해 보기도 하고, 아이가 상처받은 일이 있었다면 그 마음을 어루만져 줄 수도 있다. 10분, 그 짧은 시간 동안 놀랍도록 많은 아이의 다양한 감정들을 알 수 있을 것이다.

일주일 후, 나는 엄마에게 일상에 어떤 변화가 있었는지 물어봤다. 엄마는 웃으며 말했다.

"선생님, 정말 제가 달라지니까 아이가 달라지네요. 유치원에서 남자아이가 자꾸만 놀려서 가기 싫었대요. 하지만 제가 다그치니까 그냥 무서워서 울기만 했다고요. 유치원 선생님한테 말해서 어느 정도 해결됐어요. 아침에 떼쓰는 게 많이 줄어들었어요."

엄마는 하루에 의무적으로라도 10분 정도 아이와 놀아 주려고 노력했다고 한다. 늘 동생에게 치여 엄마와 함께하지 못했던 아이는 너무 좋아했고, 며칠이 지나고 엄마는 아이에게 유치원에 왜 가기 싫은지 물어보았던 것이다. 그러자 아이는 엄마에게 유치원에 있는 남자애가 자기를 놀려서 가기 싫었던 거라고 대답해 준 것이다. 드디어 아이는 자기 마음을 엄마에게 열어 보인 것이다.

아이의 마음을 알고 싶고 아이와 좋은 관계를 만들고 싶다면 먼저 하루 10분, 1주일만 노력해 보자. 시작은 어렵지 않다. 꾸준히 하기가 어려운 것이다. 뭐든지 익숙해지려면 시간이 필요하듯 아이도 시간이 필요하다. 인내심을 가지고 아이가 마음을 열 수 있도록 기다려 주자.

아이와 함께할 수 있는 그 시간을 소중히 생각하고 온전히 아이와 나만의 시간을 만들어 보자. 아이와의 놀이를 통해 아이의 마음을 읽어 주고 그 마음을 다독여 주면 어느새 아이는 엄마에게 마음을 여는 것이 자연스러운 일처럼 될 것이다. 무슨 일이 있으면 제일 먼저 엄마에게 달려가 얘기하게 될 것이다. 아이에게는 이제 엄마라는 든든한 버팀목이 생긴 것이다.

내 아이의 마음 들여다보기

아이들이 불쑥불쑥 자기의 마음을 얘기할 때가 있습니다. 예기치 않은 곳에서, 예기치 않은 순간에 갑자기 "엄마, 나 요즘 힘들어."라고 말할 수 있습니다. 이처럼 민감하게 생각하지 않으면 무심코 지나칠 수 있을 만큼 아이들은 갑자기 자기 얘기를 꺼내 놓을 때가 있습니다. 무심코 지나쳤다고 해서 너무 미안한 마음을 가질 필요는 없습니다. 바쁜 일상에서 아이의 말을 매번 집중해서 듣기란 쉬운 일이 아니기 때문입니다.

그렇다면 평소 아이의 마음을 어떻게 읽을까요? 아이는 자연스러운 환경에서 자신의 마음을 더 잘 얘기할 수 있습니다. 성인처럼 판을 깔아 놓고 얘기하지는 않습니다. 그러니 아이의 마음을 알기 위해서 대단한 준비를 할 필요는 없습니다. 제가 엄마들한테 제안하는 몇 가지 방법이 있습니다.

1. 가까운 마트를 아이와 함께 가 봅니다. 아이들은 마트를 간다는 게 신나서 엄마에게 조잘거리며 많은 얘기를 할 수 있습니다. 그 말들 중에 자신의 마음을 보여 주는 말이 있을 수 있습니다.
2. 잠자는 시간을 이용하셔도 괜찮습니다. 아이가 편안한 마음으로 엄마에게 얘기할 준비를 할 수 있기 때문입니다.
3. 아이와 함께하는 놀이도 좋습니다. 대단한 놀이가 아니어도 좋습니다. 아이는 엄마와 함께 논다는 자체만으로도 충분히 즐겁다고 생각합니다. 아이는 엄마와의 놀이를 통해 엄마와의 관계가 더 돈독해질 수 있습니다. 그럼 아이는 자신의 마음을 엄마에게 더 잘 보여 줄 수 있습니다.

3장

아이가 엄마한테 보내는
문제 행동 8가지 신호

엄마만 찾는 아이

01

　엄마와 유독 떨어지기 싫어하는 아이들이 있다. 내 조카가 그랬다. 지금은 어엿한 고등학생이 된 조카를 보면 그런 아이였다는 것을 상상조차 할 수 없다. 하지만 어렸을 때는 유치원에 가면 울며불며 엄마한테서 떨어지지 않으려 했다. 조카의 반은 2층에 있었는데 언니가 아이를 업고 달래며 2층까지 데려다주어야 할 정도로 언니와 떨어지기 싫어했다.

　그러니 아침마다 전쟁일 수밖에 없었다. 조카를 달래느라 유치원 문 앞에서까지 아이와 실랑이를 벌여야 했다. 조카와 떨어지려고만 하면 조카의 눈은 언니를 찾기에 바빴다. 언니와 절대 떨어지지 않으려는 듯 언니의 치맛자락을 붙들고 울었다. 우리 집안의 첫 손녀였던 조카는 집안사람들한테 귀여움을 독차지했다. 그래서 나도 가끔은 언니와 함께 조카를 유치원까지 데려다주었다. 평소에 나를 잘 따르던 아이였는데도 유치원 앞을 가면 엄마한테서 떨어지지 않으려고 했다.

결국 유치원 다니는 내내 언니는 아침마다 아이와 큰 전쟁을 치르면서 유치원에 보내야 했다. 지금도 언니는 그때가 큰애를 키우면서 제일 힘들었던 때라고 말한다. 겨우 보내 놓아도 중간에 선생님한테 전화도 많이 왔다. 아이가 엄마를 찾으며 울음을 그치지 않는다는 것이었다. 그럴 때면 언니는 만사 제치고 유치원에 가서 아이를 데리고 와야 했다. 언니는 결국 치료를 받기 위해 심리치료센터를 찾았다. 하지만 결국 엄마 탓이라고 말하고 딱히 해결 방안을 내놓지 않아 얼마 다니고 가지 않았다고 한다. 그런 전쟁 같은 아침은 초등학교 저학년 때까지 이어졌다. 언니는 한동안 교실 창문에 몰래 붙어 서서 아이가 잘 적응하고 있는지 확인하고 나서야 집에 돌아갔다.

지금은 아이 혼자서도 학교생활을 잘하게 되었고 너무 독립적이다 싶을 정도로 혼자서도 다 잘하는 청소년이 되었다. 아이가 그렇게 된 것은 언니가 직장을 그만두고 미국 생활을 하면서 아이와 같이 생활하면서부터였다. 아이는 엄마가 자신을 떠나지 않을 것이라는 확신을 갖게 되었고, 그 확신이 엄마에 대한 믿음으로 바뀌면서 달라진 것이다.

기질적으로 불안이 높은 아이가 있다. 그런 아이들 중에는 엄마와 떨어져 있는 것에 심하게 불안을 느끼는 아이들이 있다. 엄마가 눈에 보이지 않으면 큰 사고라도 날 것 같다. 엄마가 곧 자기를 영영 떠나 버릴 것만 같아 엄마를 놓치지 않으려고 엄마만 찾는다.

일반적인 분리 불안은 적응기를 거치면 괜찮아진다. 하지만 내 조카처럼 초등학교까지 이어지는 경우도 있다. 정말 언니가 갔던 센터에서 말한 것처럼 분리 불안은 부모 탓일까? 어쩌면 맞을 수도 있고, 틀릴 수도 있다. 그렇다고 아이의 모든 행동을 다 부모, 특히 엄마의 문제로 보는 것은 옳지 않다.

그러기 위해서는 아이의 기질석인 부분과 환경적인 부분을 다 고려해 봐야 한다. 분리 불안인 아이들은 우선 기질적으로 불안이 높다. 내 아이가 무던한 아이로 태어났으면 좋겠다고 생각하겠지만, 아이가 부모를 선택해서 태어날 수 없듯이 우리도 아이를 선택할 수 없다.

아이가 불안이 높은 아이라면 그만큼 민감하게 살펴주어야 한다. 그런데 아이일 때는 그것이 쉽지가 않다. 내 아이가 불안이 높은 아이인지 아닌지 쉽게 알 수 없기 때문이다. 많은 학자들이 어렸을 때 3세까지 엄마의 보살핌이 중요하다고 말한다. 어렸을 때 애착 관계가 잘 형성되지 못한 아이들이 불안을 많이 느끼기 때문이다.

사람을 믿지 못했던 아이

다른 경우도 있다. 내가 만난 아이는 유치원에서 선생님과 문제가 있었던 아이였다. 아이는 관계를 형성하는 것을 불편하게 느꼈으며, 엄마 외의 어른들에게 신뢰감을 쌓지 못하고 있었다. 그렇다 보니 아이는 엄마만 찾았다.

미술치료를 처음 온 날도 마찬가지였다. 아이는 엄마와 떨어지기 싫다고 울었다. 한동안은 엄마가 옆에 있는 채로 미술치료를 해야 했다. 아이는 나를 자기한테 못되게 굴었던 선생님과 다른 선생님이라고 분리시켜서 생각하지 못하고 나를 경계했다.

나는 아이와 신뢰를 쌓는 게 중요했다. 나는 아이가 자유롭게 미술 활동을 할 수 있도록 아무런 제재를 하지 않았다. 아이에게 안정감 있는 환경을 만들어 주기 위해 아이가 좋아하는 재료를 항상 아이 앞에 비치해 놓았다.

처음에 아이는 내가 도와주려고 하면 두려운 눈빛으로 나를 쳐다보고는 엄마한테 "엄마가, 엄마가 해."라고 말했다. 아이가 내게 마음의 문을 열기를 기다릴 수밖에 없었다. 한 달 동안 아이의 감정 기복은 심했다. 어느 날은 더 떼를 쓰기도 했고, 어느 날은 엄마 옆에서 미술 활동을 잘하기도 했다.

그러던 어느 날, 아이가 내게 도와달라는 얘기를 했다. 나는 기쁜 마음에 아이에게 아무 말도 하지 않고 묵묵히 도와주었다. 아이는 내가 만들기를 잘하자 좋아했다. 꼭 자기가 만든 것처럼 내 것을 보고 즐거워했다.

그렇게 몇 번을 하고 나서 나는 엄마에게 잠시만 같이 있다가 나가 주기를 권유했다. 대신 아이에게 엄마가 어디에 있을 거라는 걸 확실히 명시해 달라고 말씀드렸다. 엄마는 미술치료 시간 중간쯤에 나가면서 밖에 소파에 앉아 있을 거라고 말했다. 아이는 칭얼거리더니 나와 같이 엄마가 앉아 있는 곳까지 몇 번을 같이 갔다.

아이는 엄마가 있는지 확인하고 나서야 치료실에 들어와서 작업을 했다. 그렇게 한동안을 하니 이제는 제법 엄마가 없이도 잘 있다. 아이는 유치원 선생님과는 다른 선생님도 있다는 것을 알고 심리적으로 안정되기 시작했다. 아이는 나쁜 선생님이 있으면 좋은 선생님도 존재한나는 것을 알게 되면서 심리적 안정감을 찾게 된 것이다.

아이에게 믿음을 주자

아이가 기질적으로 불안이 높든, 어떤 사건을 겪으면서 불안이 높아졌든 아이에게 어떤 믿음을 주면 아이는 안정을 찾게 된다.

아이가 엄마만 찾고 엄마와 떨어지기를 극도로 싫어한다면 억지로 떼어 놓기보다는 아이의 불안이 어디에서 온 것일까 생각해 볼 필요가 있다. 앞의 사례처럼 분리 불안 증세일 수도 있고, 어떤 트라우마를 겪어서일 수도 있다.

아이가 유치원에 갈 때 엄마와 떨어지려 하지 않는다면 아이에게 엄마는 항상 옆에 있을 거라고 확인시켜 주는 것이 좋다. 인내심을 가지고 지속적으로 그렇게 해야 한다. 시간이 많이 필요한 일인 것이다. 하지만 엄마들은 아이의 문제 행동에는 크게 신경 쓰면서 그것이 나아질 때까지 기다리지 못하고 같이 불안해하는 경우가 많다.

아이한테 왜 다른 아이처럼 혼자 있지 못하냐고 다그치기도 한다. 아이는 엄마가 화를 내거나 자기에게 자꾸만 뭐라고 하면 엄마가 자기를 싫어할지도 모른다는 불안감에 더 엄마를 찾게 된다.

살아가면서 누구에게 믿음을 주는 것이 중요할 때가 있다. 그중 하나가 부모 자식 간의 믿음이다. 아이가 어릴 때는 더욱더 엄마를 믿게 할 필요가 있다. 엄마 없이는 아무것도 할 수 없는 나약한 어린 아이가 혼자서 무엇을 할 수 있겠는가. 그렇기 때문에 아이에게 엄마가 믿음을 주어야 한다.

엄마만 찾는 아이는 많은 곳에서 볼 수 있다. 우리 아이만 유독 그런 게 결코 아니다. 내 아이만 내 눈에 보인다고 그게 큰 문제인 양 볼 필요가 절대 없다는 것이다. 믿음을 주는 엄마, 그런 엄마를 믿는 아이, 이처럼 둘 사이에는 믿음이 필요하다.

오늘 내 아이의 불안이 나를 불안하게 만든다면 마음을 다잡고 생각해 보자. 내 아이에게 나는 믿음을 줄 수 있고, 우리는 믿음 속에서 더욱 단단한 관계가 될 것이다!

무조건 울고 보는 아이

02

아이 우는 소리처럼 엄마의 귀를 기슬리게 하는 것도 없다. 무조건 울고 보는 아이를 키우는 엄마는 힘들다. 특히 소리에 예민한 사람들은 아이 울음소리를 더더욱 참기 힘들다. 아이가 우는 데는 여러 가지 이유가 있을 수 있다. 그중 대표적인 것이 엄마에게 떼를 쓰기 위해 우는 아이들, 그냥 이유도 없이 우는 아이들이다.

울음을 멈추지 않았던 아이

초등학교에 미술치료사로 파견을 갔을 때 일이다. 쌍둥이 형제였는데 두 아이 다 미술치료 중간 중간에 재료에 욕심이 난다거나 작품이 잘 표현되지 않을 때 떼를 쓰며 화를 냈다. 처음에는 아이가 미술 활동에 잘 참여하게 하려고 달래도 봤으나 아이들은 쉽게 울음을 멈추지 않았다.

정해진 시간 안에 미술 활동을 해야 하는데 두 아이가 모두 저러니 다른 아이들이 작품을 만드는 데 어려움이 있었다. 아이들은 자기 마음대로 작품이 표현되지 않으면 자리에 앉아 떼를 쓰듯 조르며 울었다. 아이들을 달래 주는 것이 먹히질 않으니 나는 다른 방법을 찾아야 했다. 그 방법은 무시하는 거였다.

아이가 울면 아이에게 "지금은 다른 아이들이 작업 중이니 저쪽에서 다 울면 다시 돌아와서 작업을 하겠니?"라고 말해 주었다. 처음에 아이는 다른 곳에 가서 쉴 새 없이 눈물을 흘렸다. 그러면 쌍둥이 다른 형제가 "선생님이 그러니까 쟤가 더 울잖아요."라고 말했다. 하지만 나는 신경 쓰지 않고 미술 활동을 이어 갔다. 그러기를 몇 번, 아이의 울음 시간은 짧아지고, 어느 날은 떼를 쓰며 울지 않게 되었다.

나는 아이에게 칭찬을 해 주었다. 미술치료 시간이 끝나고 아이를 따로 불러 선생님이 그럴 수밖에 없었던 이유를 이야기해 주었다.

"여기에는 너 말고도 많은 아이들이 미술치료를 하려고 왔어. 한 주 동안 얼마나 이 시간을 기다렸겠니. 네가 떼를 쓰며 울면 다른 아이들은 오늘 아무것도 못하고 돌아갈 수도 있었어."

"오늘 보니 너는 참 너의 감정을 잘 참던데, 대단하다. 선생님은 네가 미술치료를 다시 하게 돼서 너무 기쁘다."

아이는 수줍게 웃어 보였다.

그다음부터 아이는 울지도 않고 미술치료 시간에 잘 참여하였다. 육아에서도 마찬가지다. 아이가 울면 그 소리가 듣기 싫어 어르고 달랜다. 그래도 울음을 그치지 않으면 참다 참다 버럭 소리 지른다. 그러면 아이는 어쩌겠는가? 당연히 엄마가 무섭게 느껴지거나 서러워서 더 운다. 그제야 무시해야 내가 살지 싶어 돌아서지만, 엄마의 마음은 언제 터질지 모르는 시한폭탄을 가지고 있다.

아이가 떼를 쓰며 잘 우는 아이라면 우선 무시를 해 보는 게 좋다. 아이도 자기 감정을 추스를 시간이 필요한데, 엄마가 옆에서 계속 달래 주거나 하면 아이는 더 짜증이 난다. 아이가 관심받기 위해서 그러는 거라면 더더욱 엄마가 달래고 화내는 행동들이 역효과를 준다. 아이가 감정을 다 추스르고 나면 아이에게 이유를 물어보고 공감해 줄 것이 있으면 공감을 해 주고, 아이에게 우는 이유에 대한 한계를 정해 줄 게 있으면 해 주자. 엄마들이 아이가 우는 것을 당장 참지 못해 행동을 바로 취한다면 아이는 자기가 우는 이유와 그 해결 방법에 대해 전혀 알지 못한 채 계속해서 우는 행동을 할 것이다.

개중에는 이유도 없이 우는 아이들이 있다. 아이가 특별한 이유 없이 툭하면 눈물을 보이는 것이라는 생각이 들 수 있는데, 그런 아이들은 대부분 감정에 예민한 아이들이다. 외부의 작은 자극에도 쉽게 눈물을 흘린다. 사람들은 말없이 툭하면 우는 이런 아이들을 보고 답답하게 생각하거나 상대하기 불편하다고 생각할 수도 있다. 우는 아이를 달래 주는 일은 쉬운 일이 아니기 때문이다.

그런 아이들을 색안경을 끼고 보는 것은 좋지 않다. 엄마 입장에서는 자주 눈물을 보이는 아이를 보고 걱정될 수 있다. 이 험한 세상 저리 마음이 약해서 어떻게 살 거냐고 아이에게 되묻기도 한다.

그러면 아이는 자신에 대해 부정적인 생각을 갖게 된다. 자기 감정을 억지로 숨기기도 한다. 하지만 억지로 누른 것은 언젠가는 터져 나오는 법이다. 아이가 자기 감정을 누르고 숨기면 그것은 나중에 더 크게 터져 나온다. 아이의 나약함을 지적하기보다는 아이가 자신의 감정을 알고 조절하는 방법을 알려주자.

엄마들은 이런 아이를 언제까지 받아 주어야 하는지 물어본다. 많은 시간이 필요하다. 아이들은 커 가면서 자기 감정을 상황에 따라 적절하게 조절하는 방법을 알게 되는데, 그것이 당장 될 수 있는 것이 아니기 때문이다.

툭하면 울었던 고등학생

울음이 많은 고등학생 여자애를 만난 적이 있다. 처음 만난 날 그 아이 앞에 티슈 갑을 놓아 주어야 할 정도로 조금만 안 좋은 얘기를 해도 울었다. 엄마는 아이를 이해하지 못했다. 아이에게 무엇이 속상한지 얘기하라고 해도 애는 울기만 한다는 것이었다.

아이는 역시나 예민한 아이였다. 세상을 다른 시각으로 보고 있었다. 예민한 자기의 시각으로 세상을 보니 힘든 일도, 서러운 것도 많았을 것이다. 아이의 가장 큰 문제점은 어렸을 때부터 이런 감정을 인정받기보다는 눌린 게 많았던 것이다. 알고 보니 아들 형제가 많은 집에서 딸은 자기 혼자라 감정 표현을 하기가 어려웠다. 엄마는 육아에 지쳐 있어서 딸의 감정을 알아채기 어려웠을 것이다.

예민한 만큼 감수성이 풍부한 아이는 일찍 그림을 그리기 시작해서 대학 입시를 준비하고 있다. 대학 입시 때문에 스트레스를 받았는지 그동안 참았던 것들을 눈물로 쏟아내기 시작했다. 그동안 눌렀던 모든 것들이 꺼내지는 순간이었다. 오랫동안 누르고 지냈으니 자신의 감정이 조절되지 않았다. 어렸을 때 억울했던 모든 것들을 다 얘기하며 자기의 울분을 토해 내었다.

나는 몇 주 동안 아이에게 울 시간을 충분히 주었다. 아이의 말을 들어 주며 아이의 마음을 느끼는 것이 더 중요했기 때문이다. 아이는 자신이 기억할 수 있는 아주 어린 시절의 일까지 꺼내 놓으며 울었다. 그때 억눌렸던 감정과 고3이라는 지금의 무거운 감정과 만나 눈물로 그것을 풀어내는 거였다.

몇 주가 지나자 아이는 자신의 묵은 감정을 다 털어놓았다는 듯이 울지 않았다. 아이가 어렸을 때 잘 울지 않았냐고 물었더니 어렸을 때는 엄마를 많이 생각하는 아이라 엄마가 힘든 게 싫어 억지로 울음을 참았는데, 요즘은 울음을 참기 어려워졌다는 것이다.

아이는 자신의 감정을 조절하는 시간을 가지지 못했던 것이다. 그냥 자기 감정을 참고 누르고만 있었지 그것을 어떻게 조절해야 하는지 몰랐던 것이다. 누르고 있던 감정이 커서 감당하기 어려웠을 그 아이가 참 안 돼 보였다. 나는 그 아이와 꽤 오랜 시간 자신의 감정을 그림을 통해 표현하는 작업을 했으며, 감정을 어떻게 조절하고 풀어 가야 할지 얘기했다.

그 아이는 지금은 더 이상 울지 않는다. 그리고 아이는 이제는 안다. 자신의 감정을 누르는 것이 좋지 않다는 것을. 건강하게 자기 감정을 표현하는 방법을 알게 된 것이다. 아이가 어느 날 나한테 한 얘기가 있다.

"선생님, 감정은 바꿀 수 없어도 성격은 바꿀 수 있대요."

감정은 바꿀 수 없어도 성격은 바꿀 수 있다

맞다. 자신의 기질적인 것은 바꾸기 어렵다. 하지만 어떤 성격이 되냐는 것은 바꿀 수 있다. 아이가 건강한 성격을 가지길 원한다면 엄마는 아이가 자신의 감정을 느끼고 그것을 조절 할 수 있는 긴 시간을 기다려 줄 필요가 있다. 전혀 조급해할 필요 없다. 오늘도 내 아이는 나와 함께일 것이며, 그것은 내일도 마찬가지일 것이다. 오늘 당장 고치고 싶어도 잠시만 옆에서 지켜봐 주자.

아이는 정말 특별한 존재인 만큼 특별한 능력이 있다. 스스로 깨우치는 능력을 가지고 있다. 엄마는 옆에서 아이가 잘 깨우칠 수 있도록 함께해 주고 격려해 주면 되는 것이다. 엄마는 가르치기만 하는 선생님이 아니다. 엄마는 힘든 일이 있어도, 좋은 일이 있어도 평생 아이와 함께하는 그런 사람인 것이다.

학교를 가기 싫어하는 아이
03

어느 날 갑자기 아이가 학교에 가기 싫다고 말하면 부모는 가슴이 덜컹 내려앉는다. 우리가 어렸을 때는 학교는 꼭 가야 하는 것으로 알았고, 학교를 빠진다는 것은 상상할 수도 없었기 때문이다.

어느 날 아침, 딸이 울면서 말했다. "엄마, 나 학교 안 가면 안 돼?"

학교생활을 잘하는 아이가 학교를 가기 싫다니, 이게 무슨 일일까 걱정되어 아이에게 이유를 물었다. 아이는 엄마가 학교 가기 싫다는 말에 놀라는 모습을 보니 기분이 상했는지 "난 가기 싫단 말이야. 그냥 엄마가 선생님한테 전화해."라며 울기 시작했다.

나는 아이의 울음이 잦아들었을 때쯤 불러서 얘기했다.

"왜 가기 싫은데?"

"오늘 영어 말하기 시험이 있단 말이야. 난 영어 못하잖아. 아이들이 놀리면 어떡해?"

내 아이는 미국에서 태어났다. 아이가 일반 학교에 들어가기 전 한국말을 배우는 것이 우선이라고 생각했던 나는 아이가 말하기 편한 영어유치원을 가기보다는 일반 유치원을 다니게 했다. 아이는 처음에는 언어의 어려움이 있었지만 금세 한국말을 잘하게 되었다.

하지만 문제는 한국말은 잘하게 되었지만 영어는 다 잊어버렸다는 것이다. 반 아이들이 자기가 미국에서 태어난 것을 아는데 영어를 못한다면 얼마나 창피하냐는 것이었다. 난 그 말을 듣고서야 아이가 왜 학교를 가기 싫어하는지 이해할 수 있었다. 다른 아이들은 자기처럼 미국에서 태어나지 않아도 영어를 잘하는데 정작 미국에서 태어난 자기가 영어를 잘하지 못하니 자존심이 많이 상한 것이다.

나는 아이에게 그렇다고 학교를 안 가는 것은 안 된다고 단호히 말하고 엄마가 도와주겠다고 했다. 문제가 있으면 피하지 말고 엄마와 같이 해결할 방법을 찾아보자고 말했다. 아이는 여전히 울면서 "엄마가 어떻게 해 줄 건데?"라고 물었고, 나는 엄마와 영어를 같이 해 보자고 했다. 그리고 영어 공책을 가져오라고 했다. 아이와 나는 영어 문장들을 외웠는데 아이가 자신감을 잃지 않도록 상황극을 해 가며 아이가 문장을 이해해 자연스럽게 표현할 때까지 연습했다.

아이는 그렇게 연습을 하고 학교를 갔다. 나는 학교에서 돌아온 아이에게 오늘 영어 말하기시험은 어땠냐고 물어봤다. "내 짝이 너 영어 잘하네?"라고 말했단다. 그래서 기분이 어땠냐고 물으니 "좋았어."라고 말했다. 나는 이때를 놓치지 않고 말했다.

"그래 봐봐, 피하지 않고 맞서니까 어때? 다 되잖아. 피하기만 하면 다 피하고 싶은 일들밖에 없어."

아이는 그 이후로 그런 이유로 학교 가기 싫다는 말을 다시는 하지 않았다.

행동 뒤에 감춰진 아이의 마음

아이는 힘든 부분이 있으면 힘든 감정을 울거나 떼를 쓰는 것으로 표현하기도 한다. 그런데 엄마가 단지 아이의 그런 행동만 보고 다그치기만 한다면, 아이는 엄마가 자기 감정을 무시한다고 생각하고 더 과격한 행동으로 반아친다. 우선 아이가 어떤 마음으로 학교에 가기 싫었는지 알아보고, 그 마음에 있는 힘듦을 엄마와 함께 해결해 나갈 수 있도록 이끌어 주어야 한다.

만약 내가 아이의 마음을 이해해 주지 못하고 억지로 학교에 보냈다면 아이는 어땠을까? 자신의 감정을 무시당한 채 엄마에 대한 원망, 수업 시간에 당하는 창피함 그리고 다른 여러 가지 많은 복잡하고 힘든 감정을 가지게 되어 학교 가는 것이 더 싫어졌을 수 있다.

누구보다 큰 고민을 가진 아이

아이들은 여러 가지 이유로 학교를 가기 싫다고 얘기할 수 있다. 우리도 뭔가에 두려움을 느끼면 피하고 싶고 맞서기 두려울 수 있

엄마와 아이를 위한 마음 챙김

듯이 말이다. 더구나 아직 어린 아이들은 어쩌면 많은 이유로 학교를 가기 싫다고 생각할 수 있다.

엄마들은 달래기도 하고 다그치기도 하면서 아이를 학교에 보낸다. 당장은 학교에 보낼 수 있지만 그것이 절대로 해결책이 되지 않는다는 것은 엄마도 아이도 알고 있을 것이다. 아이가 학교를 가기 싫어하는 진짜 이유는 아직 해결되지 않았기 때문이다. 엄마는 주위에 이런 경우가 있었는지, 다른 아이는 어떤 이유로 학교를 가기 싫어했는지 물어보고 다닐 수도 있다. 하지만 진짜 이유는 아이만이 알고 있다. 그러므로 그 이유는 다른 곳이 아닌 아이한테서 알아내야 한다.

그럴 때는 아이가 학교를 가기 싫어하는 마음이 어떤지 들여다볼 필요가 있다. 아이가 왜 학교를 가기 싫은지 진짜 이유를 알아보는 것이다. 가장 좋은 방법은 대화를 통해서 아이의 마음을 알아보는 것이다. 아이가 엄마한테 자존심 상하는 얘기를 구구절절 하고 싶어 하지 않을 수 있다. 엄마에게도 드러내고 싶지 않은 부분이 있기 때문이다.

엄마는 편안한 분위기를 만들며 언제든 나는 너의 얘기를 들어줄 준비가 되어 있다는 것을 알려 줄 필요가 있다. 그러면 어느 순간 자연스럽고 편안한 분위기에서 아이는 자기의 고민을 털어놓고 싶어질 것이다. 중요한 것은 그럴 때 엄마의 태도다. 아이가 말하는 이유들은 아이 입장에서 생각할 때는 대단한 이유들이다. 절대 하찮은 것은 없는 것이다. 하지만 엄마 입장에서는 그것이 대수롭지 않은 이유들이라는 생각이 들 때가 있다. '고작 저런 이유로 학교 가기 싫어하는 거였어?'라고 생각할 수 있다는 것이다.

엄마가 그런 이유 때문에 학교를 가기 싫어하는 거냐고 맞서 물으면 아이는 앞으로 말문을 닫아 버리게 될 것이다. 엄마에게 자신을 이해해 달라고 말해 봐야 소용없다는 생각이 들기 때문이다. 엄마는 아이의 얘기를 끝까지 성의 있게 들어 준 후에 엄마가 생각하는 해결 방안을 조심스럽게 제시할 수 있다. 아이는 그 해결책이 마음에 안 들어 감정이 격해질 수 있지만, 그럴 때면 엄마는 그 방법이 통하는지 한번 같이 노력해 보자고 얘기해 볼 수 있다.

아이에게 두려움을 극복할 수 있는 기회를 만들어 주는 것이 좋다. 만약 아이가 학교를 가기 싫어한다면 그것이 아이에게는 뭔가를 극복할 좋은 기회가 될 수 있다. 그 단계를 뛰어넘으면 아이는 더 성장하는 것이다.

아이는 아이다. 엄마들은 자기 기준으로 아이의 마음을 이해하는 경우가 많다. 아이가 나약하다고 생각할 수도 있다. 아이는 아직 나약한 존재다. 겨우 태어난 지 몇 년 안 된 아이들이 어떻게 어른들처럼 생각하고 행동할 수 있겠는가.

엄마는 아이가 도움이 필요하지 않은 경우에는 아이를 어린 아이처럼 생각하면서 뭐든 다 해 주려고 하면서, 정작 아이가 도움이 필요할 때는 아이같이 군다고 뭐라고 할 때가 있다.

다 큰 우리도 두려움이란 것이 있다. 아이가 무언가를 두려워하는 것 같으면 나는 내가 직장 생활을 할 때가 떠오른다.

신입 디자이너 시절, 큰 프로젝트의 디자인을 할 때면 나는 일주일 전부터 잠을 잘 수가 없었다. 머리로는 오로지 어떻게 하면 이 상황을 피할 수 있을까 생각해 보았다. 아파서 안 간다고 해 볼까라는 생각도 했다. 하지만 피할 수 있는 것이 아니라는 것을 알았고 몇 번의 실패 끝에 좋은 디자인을 만들어 냈다. 나는 두려움에 무언가를 피하고 싶을 때는 그때의 내 경험을 생각한다.

아이들도 마찬가지다. 학교를 가기 싫어할 정도면 아이의 마음속에 얼마나 힘듦이 있겠는가. 그 아픈 마음을 안아 주어야 하는 것이다. 아이가 이 순간을 잘 이겨 내어 어른이 되었을 때 그 경험을 떠올리며 이겨 낼 수 있는 힘을 가질 수 있게 해 주어야 한다.

그것은 다른 누구도 할 수 없다. 어린아이가 힘든 마음을 친구들한테 말하겠는가 아니면 선생님한테 의논을 하겠는가. 오로지 엄마밖에 없다. 아이가 그것을 스스로 해결할 수 있도록, 긴 시간에 걸쳐 견디어 낼 수 있도록 도움을 줄 사람은 엄마뿐이다.

아이가 어떤 문제 행동을 하면 엄마는 놀라고 당황해서 큰일이라도 난 것처럼 생각할 때가 있다. 그때는 한 걸음 떨어져서 아이를 바라보자. 내 아이의 저 마음속에 지금 무슨 일이 생긴 걸까라고 안쓰러운 마음으로 다가가 보자. 엄마의 마음과 아이의 마음이 만날 때 엄마도 아이도 이겨 낼 수 있는 힘을 가지는 것이다.

동생을 괴롭히는 아이

04

　나는 사남매 중 둘째로 태어났다. 어렸을 때부터 언니와 동생들에게 치이는 존재였던 것이다. 어렸을 때 나는 언니와 동생들이 엄마의 사랑을 뺏어 갔다고 생각했다. 매일 외동딸이 되는 꿈을 꾸며 살았다. 외동딸인 친구 집에 가면 모든 게 별천지였다. 친구 엄마는 나에게 굉장히 친절했으며 갈 때마다 과자와 음료수를 내어 주었다.

　그 아이의 방을 가면 신기한 장난감이 많았다. 제일 신기하게 생각되었던 것은 그것들이 다 그 아이 것이라는 거였다. 부러웠다. 언니한테 옷을 물려받아 입고 전과도 언니가 썼던 것들을 썼던 나에게는 있을 수 없는 일이었다. 문제집마저 언니가 쓰던 것을 물려받아 시험 때는 지우개로 언니가 썼던 답을 지우기에 바빴다. 내가 외동딸이면 모든 게 다 내 것이고 새것들만 있었을 텐데 하면서 억울해했다.

언니는 맏딸이라 많은 특혜를 받고 있었다. 모든 것이 새것이었던 것이다. 방도 하나 전체를 다 썼다. 동생들과 방을 같이 쓰는 나는 굉장히 불공평하다고 느꼈지만 우리 집에 방은 세 개뿐이니 나만의 방을 갖기는 힘들었다. 언니의 물건들을 볼 때면 항상 특별해 보였다. 언니 방에 몰래 들어가 언니의 물건이라도 만졌을 때는 언니와 엄마한테 혼났다. 언니 방은 내게 가고 싶지만 갈 수 없는 미지의 영역이었다.

언니는 그렇다 치더라도 동생들은 항상 불편한 존재였다. 사람들은 동생들만 좋아하는 것 같았다. 나이가 어리니 사람들은 동생들을 항상 귀엽게 보았다. 동생들은 나의 친구라도 놀러오면 언제나 내 방문을 두드리며 같이 놀아 달라고 떼를 썼다. 동생들이 들어올까 봐 방문을 걸어 잠그고 있었던 나는 엄마가 동생과 같이 좀 놀라고 하면 놀아 줄 수밖에 없었다. 그래서 웬만하면 친구들과 밖에서 만나서 놀았다.

그러니 동생들이 얄미울 수밖에 없었다. 동생들한테 심술을 부렸다. 한 대 쥐어박기도 했다. 동생들은 항상 나한테 한 대라도 맞으면 "엄마~" 하고 울기 시작했다. 엄마는 어디선가 나타나서 동생을 때린 나를 나무랐다. 지금은 둘도 없는 친구처럼 동생들과 지내지만 어렸을 때를 생각하면 왜 그렇게 싸웠는지 모를 만큼 동생들과 싸웠다. 성인이 된 지금도 엄마가 동생들을 더 챙겨 주고 하면 질투심이 생기기도 한다. 아마 지금도 엄마의 사랑을 독차지하고 싶은 마음일 거라 생각한다.

동생은 계속 미울 것이다

부모 상담을 할 때 형제가 있는 아이들이 오면 엄마들의 상담 내용 중 절반은 동생을 미워한다며 아이 걱정을 하는 얘기이다. 내가 그런 부모에게 하는 얘기가 있다. "아마 쭉 그럴 겁니다." 형제가 있는 집은 어쩔 수 없다. 엄마는 한 명인데 그 사랑을 받을 아이들은 여러 명이니 어찌 아이들 사이에서 싸움이 안 일어나겠는가.

어떤 엄마는 이럴 거면 하나만 낳을 걸 그랬다고 얘기한다. 아이한테 너무 미안하다는 것이다. 엄마 입장에시도 아이들에게 사랑을 충분히 나눠 주고 싶지만 한 명한테 갈 사랑을 둘, 셋으로 나눈다고 생각하니 미안한 것이다. 하나였을 때는 많은 것을 해 주었는데 둘째는 그 반도 못 누린다고 생각하니 미안하다. 또 둘째가 태어나서 첫째한테 화만 낸다며 미안해한다. 하지만 그 미안함은 끝이 없는 미안함이다. 아마 평생 가지고 갈 미안함일 것이다.

근데 우리가 생각하는 것만큼 아이들은 그렇게 생각하지 않을 수 있다. 언젠가는 혼자서 차지 할 수 없는 것이라고 생각하며 그것을 인정하고 또 다른 방향으로 생각할 것이다. 엄마의 미안함은 혼자만의 몫으로 남기고 말이다.

아이들은 엄마들이 생각하는 것만큼 동생을 미워하지 않는다. 엄마의 사랑을 뺏긴 것 같아 그게 싫은 것이지 동생을 사랑하는 아이도 많다. 미술치료실에서 작품을 만들 때 꼭 두 개를 만드는 아이가 있다. 하나는 동생을 주고 싶은 것이다. 하지만 그 엄마의 말은 다르다. 동생을 너무 미워해서 매일 싸운다는 것이다.

나는 그럴 때는 큰아이가 느끼기에 불공평한 상황이 있었는지 물어본다. 엄마는 동생이 어리다 보니 혼자 재울 수 없어서 같이 잔다고 한다. 큰아이 입장에서는 이게 어디 말이 되는 상황인가. 엄마 품을 동생이 독차지하니 동생이 미울 수밖에 없는 것이다. 큰아이도 아직 아이다. 아이가 다 크기 전에는 엄마의 사랑이 절실히 필요하다. 근데 다 크기도 전에 사랑을 뺏어 갈 존재가 생긴 것이다. 근데 밤에 엄마의 품까지 뺏기니 아이는 얼마나 억울하겠는가.

그럴 때는 엄마가 아이를 사랑하고 있다는 믿음을 확실히 심어 주면 좋다. 동생이랑만 있으면 떼쓰는 큰아이가 버겁다면 아이에 대한 마음을 바꿔 보자. 엄마는 떼쓰는 아이보다 떼 안 쓰는 아이가 더 예뻐 보일 수 있다. 엄마도 사람이니 어쩔 수 없는 것이다. 동생은 흠잡을 게 없다는 엄마들이 많다. 내가 보기에는 둘 다 똑같이 아이인데 동생은 완벽한 아이이고 큰아이는 떼만 쓰는 아이라고 생각하는 것이다.

엄마의 사랑을 차지하고 싶어 지금 힘든 아이의 마음을 이해해 볼 필요가 있다. 큰아이한테는 엄마가 널 사랑한다는 것을 느끼도록 아이의 마음을 읽어 주는 것이다. 동생에게는 동생으로서 언니만 특별히 대한다고 생각하는 동생의 마음을 읽어 주는 것이다. 그렇게 아이들의 마음을 읽어 주면 아이들은 자신이 이해받고 있다고 생각할 것이다. 그리고 형제간에 서로의 입장도 생각해 볼 수 있다.

이 아이 같은 경우에는 동생이 아직 어리니 엄마가 데리고 자야 한다는 것을 알게끔 말해 주는 것이 좋다. 큰아이에게 이해를 구하는 것이다. 그리고 큰아이와 둘만 있는 시간을 만들어 확실히 놀아 주며 아이가 엄마의 사랑을 느끼게 한다. 같이 놀아 주면서 엄마가 "동생이 아직 어려서 엄마가 같이 있어 줘야 해서 많이 섭섭하지?"라고 물어봐 주는 것도 좋다. 아이는 자기의 감정이 이해받고 있다고 생각하고 엄마가 나를 동생보다 덜 사랑하는 것이 아니라는 것을 알 수 있을 것이다.

만약 보기에도 동생이나 언니가 확실히 잘못한 것이 있다면 그냥 넘어갈 것이 아니라 엄마는 공평하다는 것을 보여 준다. 잘못된 것은 바로잡아 주고 잘못된 행동에 대해서는 사과를 하게 하는 것이다. 그러면 서로 억울한 것이 없어진다. 잘못한 것에 대해 엄마의 심판을 받고 해결된다면 아이들은 앞으로 사회생활에서도 친구 간에 불화할 때 태도 면에서 더 많은 발전을 기대해 볼 수 있다.

나중에 내 아이들이 서로 사이가 좋기 위해서는 엄마의 역할이 크다. 불공평한 느낌을 아이들이 못 느끼도록 만들어 주는 것이다. 이

것은 쉽사리 끝나지 않는 일이다. 이 끝나지 않을 일들을 잘 흘러가게 두려면 아이들에게 항상 자신이 느끼는 부당함이 있다면 말할 수 있도록 자유로운 분위기를 만들어 주어야 한다. 그렇지 못한다면 자기의 의견이 묵살당한다고 생각하기 때문에 동생을 더 미워하게 된다. 그럼 형제간의 우애는 기대하기 어려워질 수 있다.

형제들은 부모와 함께 평생 같이 가는 존재다. 서로에게 더할 나위 없이 든든한 존재가 되기도 한다. 아이들의 사회성 발달에도 서로 큰 도움이 된다. 아이들은 엄마의 지지와 격려 안에서 믿음을 가지게 된다. 형제 안에서도 마찬가지다. 형제들의 지지와 격려 속에서 자신에 대한 믿음과 가치를 쌓게 되는 것이다. 그 중간에 엄마가 있다. 서로에 대한 믿음이 있다면 아이들 모두 같이 살아가는 이 삶이 결코 어렵게만 느껴지지 않을 것이다. 그렇게 아이는 오늘도 몸과 마음이 더 자랄 것이다.

엄마에게 말대답하는 아이
05

우리 문화에서는 말대답하는 아이를 예의 없는 아이로 생각한다. 우리도 그렇게 알고 자랐기 때문에 아이가 내 말에 말대답하면 여간 귀에 거슬리는 게 아니다. 그래서 아이가 말대꾸라도 하면 혼을 낸다. 아이가 어떤 생각에서 그렇게 말을 했는지 알아보기도 전에 아이의 말대꾸에 기분이 상한 엄마는 혼부터 내고 보는 것이다.

표현하는 방법을 몰랐던 아이

미술치료사인 나의 말에도 말대꾸를 하거나 말꼬리를 잡아 말하는 아이가 있었다. 다행히 그 아이는 미술 활동을 좋아해서 나는 미술 활동을 통해 아이가 그러는 이유를 찾아보기로 했다. 나는 아이가 말대꾸를 하면 왜 그렇게 말했는지 아이의 의견을 들어 본다. 아이의 입장이 어떤 것인지 알고 싶기 때문이다.

아이는 만들고 싶은 이미지가 있는데 내가 그것을 만들기 위해 말해 준 것이 자기 뜻과 달랐던 것이다. 아이는 그러니 마음에 안 들 수밖에 없다. 그래서 자기 의견을 말한다는 게 아직은 아이라 적절하게 표현하는 방식을 몰랐던 것이다. 아이는 자기가 하는 것에 대해 자기만의 생각이 있는 것이다. 아이 입장에서는 다른 사람의 방식이 아닌 자기만의 방식이 있으니 자기 의견을 낸 것뿐이다.

나는 아이의 의견에 적극 동의하며 아이가 작품을 스스로 만들 수 있도록 했다. 아이는 그러면서 실수도 하고 선생님 의견이 맞았다는 생각을 하기 시작한다. 다음에는 자신의 의견을 먼저 내놓기 전에 나의 의견을 묻기 시작한다. 그렇게 하면서 아이는 어떻게 작품을 만들어 나갈지 결정한다. 자연스럽게 토론하는 분위기로 바뀐 것이다. 더 이상 일방적인 주장은 없었다. 만드는 데 실수가 생겼을 때는 의견을 나누어 다음에는 어떻게 할지 같이 생각해 보았다.

이 작업은 일상생활에서도 아이에게 많은 변화를 가져다주었다. 엄마에게 말대답을 많이 하는 아이였는데 이제 엄마 의견도 듣기 시작했다는 것이다. 자신의 주장이 다 옳을 수는 없다는 것을 경험을 통해 깨달은 것이다. 나는 부모 상담을 할 때 내가 아이에게 적용했던 방법들을 얘기해 주며 엄마가 실생활에 접목시켜 할 수 있는 방법들을 얘기해 준다. 이를 육아에 적용한 엄마의 도움이 있었기에 아이는 자기 의견을 적절하게 표현할 수 있는 방법을 알게 된 것이다.

아이는 갑자기 변하지 않는다

어렸을 때 엄마 말만 따랐던 아이가 갑자기 변하기 시작하니 걱정될 수밖에 없다. 어렸을 때는 엄마 말을 곧 진리로 여기며 엄마의 껌딱지였던 아이가 이제는 엄마 눈을 똑바로 쳐다보며 말대답을 하는 것이다. 아이가 그럴 때마다 "엄마 말에 말대꾸하지 말랬지!" 하며 소리를 높여 아이한테 얘기한다. 이 말은 우리가 어렸을 때 들었던 말과 많이 비슷하지 않은가? 우리 어렸을 때는 정말 부모에게 말대꾸한다는 것은 상상할 수도 없는 일이었다.

나 같은 경우에는 아버지가 굉장히 엄했기 때문에 엄마한테 말대꾸라도 하는 날은 눈물 쏙 빠지게 혼나는 날이었다. 그때를 생각하면 내가 무슨 악의가 있어서 엄마에게 말대꾸를 한 것은 아니었다. 그냥 나의 의견은 이렇다는 것을 말해 주고 싶었던 것이다. 그런데 아버지 입장에서는 그것이 참 버릇없어 보였던 것이다.

아이는 자란다

아이들은 커 가면서 자기주장이 생긴다. 엄마에게는 그저 마냥 아기였던 아이가 이제는 제법 자란 것이다. 몸에도 변화가 많듯이 아이의 마음에도 많은 변화가 찾아온다. 자기만의 생각을 갖게 되는 것이다. 엄마들은 아이의 몸의 변화는 당연하게 생각하면서 아이의 마음의 변화는 당연하게 여기지 못한다.

아이는 자라면서 엄마의 말이 자기 생각과 다를 수 있음을 알게 된다. 엄마 말대로 했더니 자기가 생각하는 것과 다르다는 걸 알아 버린 것이다. 아이는 '나는 엄마와 다른 생각을 가지고 있다고 말해야겠다.'라고 생각하기 시작한다. 이렇게 엄마 말에 토를 달기 시작하는 것이다. 아이는 아직 어리다 보니 적당한 톤과 매끄러운 말투로 말하기 어렵다. 엄마가 듣기에는 거북하기도 하다.

엄마 입장에서는 아이가 자기를 공격하기 시작한다고 생각할 수 있다. 지금부터 이렇게 버릇없으면 사춘기에는 어떻게 하나, 반항심만 커지는 것 아닌가 걱정한다. 하지만 사춘기를 걱정하는 거라면 오히려 지금 아이가 마음 표현을 제대로 할 수 있도록 해 주는 것이 좋다.

그러기 위해서는 아이의 말대답을 나쁘게만 생각하지 말아야 한다. 아이의 마음이 몸처럼 변화하고 있다고 좀 더 넓은 마음으로 아이를 바라볼 수 있어야 한다. 아이의 말대답이 귀에 거슬리지만 아이가 자기 의견을 좀 더 세련되게 표현할 수 있을 때까지 기다려 줄 필요가 있다.

아이가 말대답을 할 때면 아이가 왜 그렇게 생각하는지 물어본다. 엄마의 의견이 다 맞을 수 없고, 마찬가지로 아이의 의견이 다 맞을 수 없기 때문이다. 엄마는 아이의 의견이 맞다고 생각하면 바로 인정하고, 나의 의견이 맞을 때는 아이의 이해와 동의를 구하면 된다.

그런데 막상 아이가 자기 의견을 내서 엄마의 동의를 얻었지만 혹시라도 그게 맞지 않으면 어떡하지 하는 생각을 하면서 불안해할 수 있다. 자기 의견이 틀릴 때 엄마가 자기를 한심하게 생각할까 봐 겁이 나기도 한다. 그럴 때는 아이가 불안하지 않도록 옆에서 묵묵히 지켜봐 주는 것이 좋다. 아이의 의견이 틀렸다고 하더라도 아이가 실수를 통해 더 발전할 수 있도록 격려해 주면 된다.

이런 건 한순간에 되는 게 아니다. 우선 집안에서 대화하는 분위기를 만드는 것이 중요하다. 엄마들은 평소에는 아이들과 대화를 잘 하지 않는다. 둘 다 너무 바쁘기 때문이다. 아이는 아이대로, 엄마는 엄마대로 서로의 말에 귀 기울여 줄 시간이 별로 없다. 그래서 서로가 강하게 의견을 내비칠 때는 기분만 상하기 쉽다.

그런 분위기에서는 아이는 자기 의견은 매번 묵살당한다고 생각할 수 있다. 그러니 점점 더 엄마에게 하는 말이 곱게 나가지 않는다. 엄마에게 맞서서 자신의 의견을 주장하고 우기고 싶은 것이다.

어려서 자기 의견을 잘 표현하지 못했던 아이들은 자기가 원하는 게 뭔지도 모른 채 성인으로 자랄 수 있다. 반면 자기가 맞다고 생각한 게 맞지 않을 수도 있음을 실수를 통해 배운 아이는 성인이 되어서 시행착오를 훨씬 줄일 수 있다.

의외로 자기 고집대로 대화를 몰고 가면서 자신과 의견이 다르면 상대방 의견을 묵살하는 사람들이 많다. 우리는 그런 사람들을 자연스럽게 피하게 되고, 그 결과 그런 사람들은 사회에서 고립되

엄마와 아이를 위한 마음 챙김

기도 한다. 대부분의 감정싸움은 소통에 문제가 있어서 오는 경우가 많다.

아이들이 지금 '말대답'을 한다면 엄마가 가르쳐야 할 시기인 것이다. 아이가 말대답하는 걸 막을 일이 아니라, 아이가 자기 의견을 적절하게 표현할 수 있도록 가르쳐야 한다. 이것은 대화를 통해서 가능하다.

아이는 엄마의 적절한 목소리 톤과 표현들을 대화를 통해 보고 배울 수 있다. 아이는 엄마의 태도를 보면서 나도 저렇게 말을 해 볼까라는 생각을 해 본다. 아이들이 하는 말을 들어 보면 엄마의 말투와 굉장히 닮아 있음을 볼 수 있다.

엄마는 아이에게 모범이 되어야 하는 존재다. 아이는 모범이 되는 사람의 말을 더 잘 듣게 되어 있다. 엄마가 아이의 모범이 되는 사람이라면 아이는 엄마의 말투, 행동까지 따라 하게 될 것이다. 그러면 아이는 자연스럽게 자기 의견을 세련된 방법으로 내놓게 될 것이다. 엄마는 아이의 거울과 같은 존재임을 놓치지 말아야 한다.

아침마다 옷과 전쟁하는 아이

06

아침마다 옷 입느라 전쟁을 치르는 아이기 있다. 그야말로 집안이 전쟁터다. 아이는 서랍을 열고 옷가지를 꺼내 늘어놓는다. 분주하게 돌아다니며 옷을 입어 본다. 입을 옷이 없다며 울기 시작한다. 어르고 달래지만 도통 울음을 멈추지 않는다. 엄마는 아이의 울음소리가 여간 거슬리는 게 아니다. 또 시작됐구나 싶다. 매일 아침마다 이어지는 옷 투정에 엄마는 지칠 대로 지친다. 학교 갈 시간은 다가오는데 아이는 옷 입을 생각조차 하지 않는다.

엄마는 다급한 마음에 밥이라도 먹여 보려 하지만, 아이는 이미 옷 때문에 기분이 상한 상태라 밥이 넘어갈 리 없다. 아이는 밥도 먹는 둥 마는 둥 하면서 짜증을 내기 시작한다. 엄마도 이제 더 이상 참지 못한다. 엄마는 며칠 전에도 옷을 사 주지 않았느냐며 매일 옷이 없다고 하면 어떻게 하냐고 소리를 지른다. 아이는 소리를 지르며 혼내는 엄마를 보며 더 서럽게 운다.

어찌어찌 옷을 겨우 입혀 아이를 학교에 보낸다. 그러고 나면 엄마는 하루 종일 멍하다. 아이의 그런 행동은 엄마에게 많은 스트레스를 가져다준다. 아이가 늘어놓은 옷들을 서랍 속에 넣으며 한숨이 절로 나온다. 매일 아침 이런 전쟁을 겪어야 한다는 생각에 힘이 쭉 빠진다. 도대체 내 아이는 왜 저럴까, 엄마는 고민 또 고민된다.

감각이 예민한 아이

의외로 많은 아이들이 옷 때문에 엄마의 혼을 쏙 빼놓고 학교에 간다. 옷을 안 입으면 학교를 가지 못하게 하겠다고 협박도 해 보고 달래도 보지만 아이의 행동은 여전하기 때문이다. 엄마에게 정녕 평화로운 아침은 오지 않는 것인가.

우선 아이가 왜 그러는지 원인을 알아야 한다. 이런 아이들은 두 가지 경우로 나눌 수 있다.

첫째, 이런 아이들은 감각에 예민하다.

둘째, 자신의 취향이 명확하다.

감각이 예민한 아이들은 옷이 조이거나 까칠한 느낌이 들면 힘들어한다. 미술치료실에 오는 아이들 중에 여자아이들 같은 경우 엄마가 굉장히 신경 쓴 듯한 옷을 입고 오기도 한다. 물론 엄마야 예쁜 옷을 입히고 싶은 마음이 클 것이다. 여자아이일 경우는 더하다. 그런 차림으로 온 아이들 중에 한 아이는 미술 활동을 할 때마다 굉장히 불편해 보였다. 아이는 불편한지 소매가 내려올 때마다 걷고 옷이 불편한지 몇 번이나 옷을 매만진다.

이 아이의 경우 아침마다 엄마와 옷 때문에 실랑이를 벌인다고 한다. 아이는 감각에 예민하여 까칠하고 불편한 옷을 싫어한다. 하지만 엄마는 예쁘게 입히고 싶은 마음에 아이가 입기 싫어하는 옷을 강요한다. 엄마는 감각에 예민한 아이들이 불편한 옷을 입으면 얼마나 힘이 드는지 잘 모르는 것이다.

아침마다 아이와 옷 때문에 싸우니 엄마의 마음은 불편해져 있다.

"선생님, 쟤가 아침에 저렇게 할 때마다 아주 미치겠어요. 제 하루를 망쳐 버리는 것 같아요."

엄마의 마음도 이해가 간다. 내 딸을 예쁘게 입혀서 학교에 보내고 싶은 마음인데 아이는 그냥 헐렁한 티셔츠에 헐렁한 바지를 입고 가겠다고 하니 속상한 것이다. 아침부터 집안을 들쑤시고 가니 엄마 마음은 하루 종일 편치가 않다.

하지만 여기서 중요한 것은 아이의 마음이다. 하루 종일 신경에 거슬리는 불편한 옷을 입고 지내야 한다. 아이 입장에서는 여간 힘든 일이 아닐 수 없다. 불편한 옷을 입으라고 하는 엄마를 이해하기 어려울 것이다. 자기가 얼마나 불편한지 모르는 엄마가 야속하다. 아이도 아침마다 옷과 씨름하고 나오는 것을 좋아하지 않는다. 엄마가 자기 때문에 힘들어하는 것도 보기 싫다.

이럴 때는 엄마가 아이의 불편한 마음을 이해하고 그에 맞는 해결책을 찾아보아야 한다. 아이 탓부터 하기 전에 아이가 아침마다 왜 그러는지 이유를 찾아보는 것이다. 아이가 어떤 옷을 싫어하고 어떤 옷을 좋아하는지 살펴볼 필요가 있다. 아이가 고집하는 옷들에는 비슷비슷한 스타일이 있을 것이다. 그렇게 아이가 고집하는 편한 스타일의 옷을 입히면 된다.

물론 시행착오는 있다. 엄마는 아이를 관찰하고 아이가 좋아하는 옷들을 산다. 근데 입혀 보니 여전히 불편해할 수도 있다. 실패한 옷도 많을 것이다. 하지만 그 범위를 좁혀 가야 한다. 아이를 데리고 옷 가게에 가서 입혀 본다. 아이한테 불편한지 물어보고 사는 방법도 좋다. 그래도 아이가 그 옷을 입지 않는다면 엄마가 아이한테 아이가 골랐으나 입지 않는 옷들을 보여 준다. 어떤 옷이 자기를 불편하게 하는지를 아이도 확인해 보게 하는 것이다.

누구나 처음부터 다 잘 아는 사람은 없다. 아이도 그렇게 하나씩 알아 가는 것이다. 아이도 어떤 옷이 본인한테 편한지 알 필요가 있다. 그러다 보면 어느 순간 아이는 더 이상 엄마와 아침에 옷 가지고 씨름을 하지 않을 것이며, 엄마는 아침의 평화를 맞이하게 될 것이다.

옷 취향이 명확한 아이들이 있다. 그런 아이들 같은 경우도 아침에 옷을 고르느라 바쁘다. 지각을 감수하면서까지 옷을 고르기도 한다. 몇 번 입었던 옷들은 질려서 안 입으려고 하는 아이도 있다. 예쁜 옷을 입으면 하루가 기분이 좋기 때문이다. 이것은 어른들도 마찬가지다. 왠지 자신한테 맞지 않는 옷을 입으면 하루 종일 불편하고 옷 때문에 자신감이 없어지기도 한다.

자기가 생각하기에 예쁘지 않은 옷을 입으면 학교에서 신경 쓰일 거라는 생각에 아침에 옷을 더욱 신중하게 고르는 것이다. 하지만 엄마 입장에서 보면 여간 답답한 일이 아닐 수 없다. 아침마다 이 옷 저 옷 입어 보며 집안을 난장판을 해 놓고 결국엔 짜증으로 엄마 속을 다 뒤집어 놓고 가기 때문이다.

이럴 때는 규칙을 정해 두는 것이 좋다. 전날 저녁에 내일 아침에 입을 옷을 미리 골라 놓게 하는 것이다. 그리고 그렇게 골라 놓은 옷을 무조건 입는 것으로 아이와 타협하는 것이다. 물론 다음 닐, 아이는 전날 골라 놓은 옷이 마음에 안 들어졌을 수도 있다. 몇 번은 짜증을 내며 학교에 갈 수도 있다. 하지만 어른들도 자기 취향에 맞는 옷들을 찾기까지 여러 번 시행착오를 겪듯이 아이들도 마찬가지라는 걸 알아 둘 필요가 있다.

아이에게 규칙을 명확하게 정해 주고 지키도록 한다. 잘 지킬 때는 적절한 보상을 해 주는 것도 좋다. 이렇게 몇 번을 반복하면 아이는 엄마에게 내일 날씨를 물어보며 전날 옷 고르는 데 익숙해질 것이다. 아이도 아침에 여유롭게 준비하고 나가니 그 편함을 느끼게 된다.

엄마들은 우리도 많은 시행착오를 겪고 알아가듯이 아이들도 그런 시간이 꼭 필요하다는 걸 알 필요가 있다. 내 아이는 왜 다른 집 아이처럼 엄마가 골라 준 옷을 입지 않는지 못마땅해할 필요가 없다. 그게 내 아이인 것이다. 내 아이가 감각이 예민해서 불편한 옷을 못 입는다면 사랑하는 내 아이가 불편해하지 않게 신경 써 주고, 자기만의 취향이 있어 옷 고르는 데 시간을 많이 쓰는 아이는 시간을 단축할 수 있도록 해 주는 것이다.

많은 엄마들이 시간에 맞게 아이를 학교에 보내야 한다는 생각이 강하다. 물론 나 또한 마찬가지다. 시간을 지키지 않는 아이가 되지 않을까 걱정되고, 지각하면 혼날까 봐 걱정도 된다. 그것이 엄마 마음인 것이다. 하지만 아이는 학교에 제시간에 맞춰 가는 것도 중요하지만, 자기가 하루 종일 마음에 드는 옷을 입고 생활하는 것도 중요하다.

엄마인 우리가 아이의 가려운 곳을 다 긁어 줄 수는 없지만, 사랑하는 내 아이가 왜 그런 행동을 하는지는 살펴볼 필요가 있다. 아침에 아이가 짜증을 내거나 울기라도 하면 엄마는 자기도 기분이 안 좋아져 아이가 그러는 이유를 살피기 힘들다.

아이가 학교를 가고 난 후에 마음을 다스리며 한번 생각해 본다. 매일 아침 이렇게 지낼 수는 없지 않은가. 이러면 아이와의 관계도 좋을 수가 없다. 아이가 불편하게 여길 만한 것들에 대해 생각해 본다. 그리고 아이가 좀 더 편하게 옷을 입을 수 있도록 여러 가지 시도를 해 본다. 아이와 함께 노력해 보는 것이다.

감각이 예민하다면 발품을 팔아 아이에게 편한 옷을 찾아본다. 아이가 자기 마음에 들어 하는 옷만 고집한다면 아이의 취향을 존중해 주고 같이 옷 가게에 가 본다. 그렇게 아이가 좋아하는 옷을 사 주자. 아이도 자기 취향에 맞는 옷들을 점점 더 잘 고르기 시작할 것이다.

아이가 보이는 문제 행동을 바로잡기 위해서는 당장 혼을 내어 아이의 행동을 바로잡기보다는 아이의 마음속 불편함을 들여다볼 줄 알아야 한다. 그래야 아이도 부모도 서로를 알아 갈 수 있고, 아이의 행동의 변화도 기대해 볼 수 있다.

청개구리처럼 행동하는 아이

07

　엄마가 하는 모든 말에 "싫어."라고 대답하는 아이가 있다. 아이가 그렇게 말할 때마다 엄마는 아이가 너무 밉다. 엄마는 아이를 도와주고 싶어서 더 나은 것을 하게 해 주려고 하는데 아이는 단 한 마디로 거절하기 때문이다.

　행동도 얼마나 밉게 하는지 한 대 쥐어박고 싶은 적이 많다. 아이는 엄마의 이런 마음을 아는지 모르는지 오늘도 "싫어."라는 말과 함께 청개구리 같은 행동을 해서 엄마 속을 뒤집어 놓는다. 엄마도 말이 예쁘게 나갈 리 없다. 아이가 자기 신경을 자꾸 건드리니 말이 좋게 나가지 않는다. 그래서 아이와 말싸움까지 하게 되는 악순환이 시작되는 것이다.

　엄마는 아이가 일부러 자기를 괴롭히려고 저러는 거라 생각한다.

아이만 보면 한숨이 나온다. 아무것도 해주기 싫다. 또 "싫어" 하고 말하면 기분이 상할 것 같기 때문이다. 엄마는 도대체 어떻게 해야 아이가 자기 말을 잘 들을 수 있겠냐고 물어본다.

'품 안의 자식'이라는 말이 있다. 어려서는 엄마 말이라면 무조건 들었지만 자라면서 자신의 생각, 가치관이 생기는 것이다. 엄마의 말에 자신의 주장을 펼쳐 보이고 싶은 것이다. 아이는 자라고 있는 것이다.

엄마는 아이가 독립된 존재로 성장하게 된다는 것을 알고 있지 못할 때가 많다. 여전히 아이 키우는 데 손이 많이 가기 때문이다. 그렇기 때문에 아이는 내가 없으면 안 되는 존재라고 생각한다. 내 말을 따르는 것은 당연한데 아이가 자라면서 그러지 않으니 속상한 것이다.

아직은 아이가 어려서 엄마의 말뜻도 잘 이해하지 못하고 엄마 말에 그냥 싫다고 대답하고 있는 것일 수 있다. 그때는 "싫다."라고 말하는 아이의 속마음을 읽어 주고 아이가 원하는 것을 할 수 있도록 도와줄 필요가 있다.

아무것도 하지 않는 아이

무기력한 아이를 만난 적이 있다. 그 아이는 학교에서 돌아오면 아무것도 하기 싫은 듯 침대에 누워서 휴대폰만 본다는 것이다. 그 아이의 엄마와 상담했을 때 그 이유를 찾을 수 있었다. 고등학생인 그 아이의 옷을 아직도 엄마가 챙겨 준다는 것이다. 하물며 아이가 샤워를 할 때 화장실 앞에 옷을 챙겨다 놓아 준다. 가방도 엄마가 싸 주고 뭐든지 엄마가 해 주고 있었다.

엄마는 어렸을 때부터 그렇게 해 왔다는 것이다. 아이를 챙겨 주고 싶은 엄마의 마음은 충분히 알겠지만 그 방법은 옳지 않다. 어렸을 때 분명히 아이는 혼자서 그것들을 해 보려고 했을 것이다. 자기가 입고 싶은 옷도 찾아서 입고, 알림장을 보고 가방을 싸 보려고 노력했을 것이다. 엄마는 그런 아이를 믿지 못했을 것이다. 얘가 옷은 제대로 입고 갈지, 알림장에 쓰여 있는 준비물은 잘 챙겨 갈지 엄마는 불안하다. 자기가 챙겨 주는 것이 확실하고 그렇게 해 주면 마음이 편하니 계속 그렇게 해 준 것이다.

인간은 누구나 다른 사람에게 의지하고 싶은 마음이 있다. 아이는 몇 번 그렇게 엄마에게 의지를 해 보니 너무 편한 것이다. 도전하려면 많은 에너지를 내야 하는데 엄마한테 의지하니 별로 힘도 들이지 않고 원하는 게 다 해결되었던 것이다. 그래서 그렇게 혼자 해 보고 싶은 마음을 포기하여 편한 방법을 선택하게 된 것이다.

나는 아이에게 네 옷이 어디 있는지 아냐고 물어봤다. 아이는 모른다고 대답했다. 나는 우선 네 옷이 어디에 있는지 확인부터 하라고 했다. 그리고 아침에 옷을 스스로 챙겨 입고 가라고 했다. 엄마에게는 앞으로 아이 옷을 챙겨 주지 말라고 당부했다.

하지만 쉽게 고쳐지지 않았다. 이미 둘 다 습관처럼 하던 거라 하루아침에 바꿀 수 없었던 것이다. 엄마는 불안한 마음에 몇 번은 아이의 옷과 가방을 챙겨 주었다고 했다. 나는 엄마에게 아이가 독립적인 성인으로 성장하려면 꼭 지켜 주어야 한다고 당부하고 한 주간 더 지켜보자고 얘기했다.

아이는 나한테 얘기한다. 자기가 무기력하게 된 것은 스스로 하지 못하는 게 많아서 그런 것 같다고. 주위에 친구들은 게임도 하고 재미난 것도 많이 하는데 자기는 그 아이들 사이에 낄 수가 없었던 것이다. 그러니 자신감이 없어져 스스로 위축되기 시작한 것이다. 당연히 여기에 무기력이 따라올 수밖에 없었던 것이다. 스스로 할 수 있는 것이 없다고 생각하니 다 하기 싫어진 것이다. 피하고만 싶었던 것이나. 하기 위해서는 도전을 하고 실패도 해 봐야 하는데 그런 경험이 거의 없기 때문에 어떻게 다시 시작해야 하는지 알지 못했다.

몇 주가 지나고 엄마의 도움과 아이의 의지로 아이는 스스로 하는 일이 많아졌다. 자연스럽게 얼굴도 밝아졌다. 아이는 하고 싶은 게 많아졌다고 했다. 나는 앞으로 도전해 보고 싶은 것들을 그림으로 표현해 보게 한 다음, 어떻게 할 것인지 말로 구체화시켰다. 아이는 지금 하나하나 도전하고 성취하고 있었다. 생활에 활력이 넘치니 얼굴은 자연스럽게 밝아질 수밖에 없었다. 그렇게 아이가 독립적인 인격체로 성장하는 과정이 중요하다.

엄마와 아이를 위한 마음 챙김

독립적인 아이로

아이가 "싫어"라고 말하면서 청개구리처럼 행동하는 것을 너무 나쁘게만 볼 필요가 없다. 물론 아이가 엄마한테 떼를 쓰기 위해 아무런 이유도 없이 그러는 경우도 있다. 그렇기 때문에 아이가 무엇 때문에 그러는지를 알아볼 필요가 있다.

아이가 독립적으로 성장하기 위해서 자기주장이 생긴 거라면 아이에게 스스로 상황을 선택하고 경험할 수 있도록 해 주는 것이 좋다. 많은 부모들이 아이 혼자서 무언가를 한다는 것에 대해 불안한 모습을 보인다. 이것은 아이가 잘해낼 거라는 믿음이 없기 때문이다. 혹시나 아이가 잘못하지는 않을까 걱정하면서 아이가 스스로 무언가를 하기도 전에 부모가 먼저 해 주는 것이다.

아이는 언젠간 내 품을 떠날 존재다. 아이가 잘 떠나갈 수 있도록 도와주는 것이 엄마의 역할이다. 아이가 말을 잘 들으면 키우기 쉬울 것 같지만 마냥 엄마 말을 잘 듣는다고 좋은 것은 아니다. 아이는 스스로 해 보려는 시도를 몇 차례 하다가 엄마 말을 거역해 봤자 좋을 게 하나도 없다는 생각을 하고 있을 수 있다.

엄마 말을 따르지 않으면 엄마와 싸워야 하는데 그것만큼 불편한 것도 없으니 말이다. 엄마와 실랑이하느니 자기 의견을 내지 않는 게 더 좋다고 생각하고 있을 수 있다. 그렇게 되면 아이는 독립적으로 자랄 수 없다.

아이가 "싫어"라고 대답하며 청개구리처럼 행동한다면 아이에게 왜 그렇게 말했는지 물어본다. 아이에게 의견을 내고 선택할 수 있는 여지를 주는 것이다. 그 결과 아이가 어떤 선택을 한다면 선택한 대로 해 보도록 지켜봐 주면 된다.

물론 아이가 실수할 수 있고 그 과정에서 좌절할 수도 있다. 하지만 아이는 지금 그 과정을 통해서 그만큼 자라고 있는 것이다. 우리가 많은 일을 겪고 지금의 내가 되었듯이 아이도 많은 것을 경험함으로써 진짜 나를 찾는 것이 중요하다.

엄마는 아이를 늘 보고 있으면서도 정작 아이의 변화는 잘 알아차리지 못하는 경우가 많다. 그것은 엄마가 아이의 행동만 보기 때문이다. 우리는 아이의 마음속에서 어떤 작은 변화들이 일어나는지도 살펴볼 필요가 있다.

아이가 청개구리처럼 행동한다면 그런 행동 속에 숨겨진 아이의 마음을 아는 것이 더 중요하다. 아이의 그런 행동을 제압하려고만 하지 말고 진심으로 아이의 마음을 알고 싶다는 태도로 아이에게 다가가야 한다. 아이가 자기 속마음을 얘기할 때는 아이를 설득해서 엄마가 원하는 방향으로 끌고 가지 말아야 한다. 그건 엄마가 원하는 것이지 아이가 원하는 것이 아니기 때문이다. 아이가 실패를 겪더라도 불안해하지 말고 아이를 지켜봐 주자. 그렇게 하면 아이는 어느새 그 실패를 딛고 더 큰 어른이 되어 있을 것이다.

앞에 나서는 것을 두려워하는 아이

08

발표를 하는 날이 다가오면 극도로 긴장하며 그 전날까지 몇 날 며칠을 잠을 설치는 아이가 있다. 아이는 사람들 앞에 나서는 것이 두렵고 그렇게 때문에 세상이 두렵다. 아이의 부모는 걱정스럽다. 저런 소심한 성격으로 이 험난한 세상을 어떻게 살아갈지 걱정이다. 그래서 많은 엄마들은 아이가 소심한 모습을 보이면 답답해하고 이런 성격은 바꿔야 한다고 생각한다.

아이를 일부러 사람들 앞에 서게 한다든지 다른 사람들이 아이에게 말을 시키게 하면서 세상 밖으로 억지로 아이를 밀어 넣는다. 부모가 외향적인 성격일 경우 아이를 더 이해할 수 없다. 특히 남자아이들이 소심한 경우 남자답지 못하다는 이유로 과격한 운동을 시키기도 한다. 그러나 이렇게 아이를 몰아붙이면 아이는 마음에 상처를 더 입고 자신감을 잃는다. 매사에 소극적인 사람이 될 수 있다.

기질은 타고나는 것이다

소심하고 내향적인 기질은 타고나는 것이다. 쉽게 바꿀 수 있는 게 아니다. 그러나 그런 기질은 사람들이 흔히 생각하는 것만큼 부정적이지 않다. 아이는 새로운 환경에 적응하는 데 남들보다 시간이 더 걸리고 모험을 그다지 좋아하지 않을 뿐이다. 그렇기 때문에 매사에 신중하고 하나를 결정하는 데도 시간이 걸린다. 친구 관계에서도 마찬가지다. 소심한 아이들은 많은 친구들과 어울리지는 못하지만 몇 명의 친구들과 속 깊은 우정을 나누기도 한다.

《콰이어트Quiet》의 저자 수전 케인은 사람들 중에 3분의 1이 내향적인 사람이라고 말하면서 그들의 기질적인 특성에 대해 얘기하고 있다. 내향적인 사람들은 혼자만의 시간을 즐기며 혼자 작업하는 것을 좋아한다. 사람들이 생각하는 것보다 실제로 많은 위인들이 내향적인 성격을 가지고 있다고 말한다. 외향적인 성격의 사람들에게 맞춘 사회는 내향적인 사람들에게 심리적 압박감을 주게 되고 그로 인해 그들이 스트레스를 받는 환경에 많이 노출되어 있다고 말한다. 하지만 그들은 충분히 삶을 즐길 수 있고 그들만의 세상이 있기 때문에 우리는 내향적인 사람들을 인정해 줘야 한다고 수잔 케인은 얘기하고 있다.

이렇듯 세상의 잣대에 우리의 아이를 억지로 맞출 필요가 없다.

엄마와 아이를 위한 마음 챙김

소심하고 내향적인 기질은 타고난 기질이지 능력이 없거나 어딘가 부족하다는 것을 의미하지 않기 때문이다. 하지만 엄마는 아이가 사람들 앞에서 소심한 모습을 보이면 부정적인 반응이 먼저 나온다. 용기를 내라며 아이에게 버럭 하거나 왜 그렇게 소심하냐며 뭐라고 한다.

억지로 엄마 손에 이끌려 세상에 나가 보려고 하지만 마음처럼 쉽지가 않다. 엄마가 자신의 성격에 대해 뭐라 하니 이내 자신은 남들과는 다른 이상한 성격을 가진 아이라고 생각하게 된다. 왜 자기는 이렇게 소심할까 자신을 한심하게 생각하기도 한다. 그런 아이들은 커 가면서 자존감이 낮아질 수 있고 쉽게 위축되거나 뒤에 숨어 버리기도 한다. 성인들도 누구에게 지적받으면 위축되고 자신감이 없어지는데 아이들은 오죽하겠는가.

내 아이의 소심함을 인정하자

그렇다면 소심한 아이를 어떻게 키워야 할까? 가장 중요한 것은 엄마가 아이의 기질적인 특성을 이해하고 인정해 주는 것이다. 아이의 있는 그대로의 모습을 받아 주는 것이다. 많은 엄마들은 소심한 아이를 어떻게 대해야 하는지 모른다. 엄마가 외향적인 성격이라면 더더욱 그렇다. 나와 다른 아이를 어떻게 받아들여야 할지 모르는 것이다.

소심한 아이에게 말이나 행동으로 상처 주는 엄마도 있지만 아이의 마음이 다칠까 봐 전전긍긍하면서 혼내야 할 때 아무 말도 하지 못하는 엄마도 있다. 둘 다 아이에게는 전혀 도움이 되지 않는 행동이다. 소심한 아이들은 새로운 것에 익숙해지는 데 시간이 많이 필요하다. 엄마는 아이가 스스로 자신의 소심함을 이겨 낼 수 있도록 아이를 존중해 주며 인내심을 가지고 기다려 줄 필요가 있다. 아이의 이야기를 충분히 들어 주고 자신의 마음을 표현할 수 있을 때까지 기다려 주는 것이다.

내 아이의 소심함을 안아 주자

어렸을 때 나는 소심한 아이였다. 사람들의 말에 쉽게 상처를 받았고, 낯선 환경에 적응하기까지 시간이 오래 걸렸다. 그래서 참 힘들었다. 하지만 이런 나의 성격을 이해해 주는 사람은 없는 것 같았다.

같은 반 친구들은 항상 당당해 보였으며 친구들과도 잘 어울리는 것 같았다. 발표라도 있는 날에는 죽을 맛이었다. 심장이 쉴 새 없이 뛰었다. 아이들이 발표하는 소리는 귀에 들리지도 않았다. 내 순서가 가까워지면서 나의 심장 소리만 들릴 뿐이었다. 발표를 할 때면 언제나 목소리는 양 울음소리와 비슷했다. 떨렸고 작았다.

그런 날 이해해 주는 사람은 없어 보였다. 혼자 있는 시간을 좋아하는 나는 공상도 많이 했다. 혼자 있는 시간은 나에게 많은 것을 상상하게 만들었다. 항상 부정적으로 세상을 바라보았다. 두려움이 많기 때문에 부정적인 성격이 되어 버린 것이다. 고등학교 때가 돼서야 성격이 많이 달라질 수 있었다. 가끔 집에 오시는 외할머니 덕분이었다.

할머니는 항상 내가 얘기하면 재미있다고 좋아하셨다. 나는 친구들과 얘기하는 것보다 할머니와 얘기하는 게 더 좋았다. 할머니한테 사람들 앞에 나서는 게 너무 두렵다고 얘기하면 할머니는 자신이 겪었던 6.25 전쟁 얘기를 해 주셨다. 총알이 비처럼 내리던 그때 할머니는 총알을 피하기 위해 땅을 파고 그 안에서 한동안 있어야 했다고 한다.

그 와중에 우리 엄마를 출산하셨다. 길가에는 총을 맞고 죽은 사람들이 누워 있었고 할머니는 죽지 않기 위해 몸조리도 못하고 하루하루를 두려운 마음으로 삼남매를 데리고 버티셔야 했다. 할머니가 죽으면 삼남매 모두 위험해질 수 있었기 때문에 할머니는 살아남기 위해 노력해야 했다. 할머니는 전쟁이 끝나도 여전히 남아 있는 두려움을 극복하기까지 많은 시간이 걸렸다고 했다.

한동안은 작은 소리에도 민감해져서 깜짝깜짝 놀라는 일이 많았고 성격도 많이 급해졌다고 했다. 하지만 시간이 지나고 극복하고자 노력을 하니 어느새 괜찮아지셨다고 말씀하셨다. 그러면서 할머니는 죽고 살고의 문제보다 두려운 것은 없다고 나한테 말씀해 주시곤 했다. 그리고 두려움을 떨쳐내기 위해서는 시간이 많이 걸릴 수 있으니 노력해야 한다고 당부도 해 주셨다. 할머니의 경험은 나에게 많은 위안이 되고 힘이 되었다.

세상 앞에 당당히 서게 하자

엄마가 이렇게 두려움을 이겨 낸 경험을 아이에게 반복적으로 말해 주는 것도 도움이 된다. 어릴 적 경험과 그것을 어떻게 극복했는지 아이와 함께 얘기를 나누는 것은 매우 효과적이다. 엄마가 두려움 때문에 힘들었던 시간들, 그리고 두려움을 극복한 과정을 얘기해 준다. 그러면 아이는 엄마의 얘기를 듣고 세상에 이런 고민을 하는 사람이 자기 혼자라는 생각을 거두게 된다. 더 이상 외롭지 않다. 두려움에 맞설 수 있는 힘이 생기는 것이다.

나는 내 아이가 사람들 앞에 나서는 것을 두려워하면 이 얘기를 해 준다. 엄마도 사람들 앞에 나서는 것을 두려워했기 때문에 발표 시간이 너무 싫었다고, 그래서 엄마가 그것을 어떻게 극복을 했냐 하면 남들보다 시간을 더 가지고 노력했다고, 지금은 많이 좋아졌고 하물며 말을 많이 하는 직업까지 갖게 되었다고 말해 준다. 그러면 아이는 생각할 것이다. 두려운 것이 있다면 이겨 내는 과정이 있어야 하며 그 과정은 시간이 많이 걸릴 수도 있음을 말이다.

아이가 무엇에 대해 두려움이 있다면 엄마는 아이가 말하는 사소한 내용이라도 잘 들어 주어야 한다. 아이는 자신의 말을 들어 주는 사람이 있다는 것만이라도 자신감을 높일 수 있다. 우리가 스트레스를 받으면 수다를 떨 듯이 아이도 스트레스를 풀 수 있는 곳이 있어야 한다. 아이는 엄마가 들어 줌으로써 자신의 있는 그대로의 모습을 인정받고 있다고 생각하며 스스로 두려움을 극복하기 위해 노력하게 될 것이다.

아이가 남들 앞에 나서는 것을 두려워한다면 아이의 기질을 인정하고 그것은 아무런 문제가 되지 않는다는 것을 알려줄 필요가 있다. 그리고 그것은 충분히 극복할 수 있으며 그 과정에 엄마가 함께 해 줄 것임을 알려준다. 마지막으로 아이가 조금이라도 개선된 모습을 보이면 폭풍 칭찬을 해 준다. 이렇게 엄마가 아이를 인정하고 인내심을 가지고 도와준다면 아이는 좀 더 당당하게 세상으로 나아갈 수 있을 것이다.

아이가 사춘기인가요?

아이가 엄마를 유난히 힘들게 하는 시기가 있습니다. 엄마들은 그런 시기를 '그분이 오는 시기'라고 말하곤 합니다. 그때 엄마들이 제게 많이 묻는 질문 중 하나가 "얘가 지금 사춘기가 온 건가요?"입니다. 하지만 안타깝게도 그렇게 일찍 사춘기가 오지 않을뿐더러 사춘기라고 해서 모두가 다 그런 행동들을 보이지 않습니다. 이를 엄마들도 알고 있지만 다들 그 힘들다는 아이의 '사춘기'에 숨어 아이를 이해하고 싶은 마음이 더 클 것입니다.

아이가 문제 행동을 하면 엄마는 그 행동에만 주목합니다. 그 행동을 어떻게든 멈추게 해야 엄마로서 바람직한 일을 하는 것이라고 생각하기도 합니다. 하지만 그에 앞서 제일 먼저 생각해 봐야 할 것이 있습니다. 바로 아이의 마음을 들여다보는 것입니다.

아이가 지금 어떠한 상태인지 학교 문제나 친구들 문제 때문에 스트레스를 받아 행동으로 그렇게 표현하는 건 아닌지, 아니면 지금 무슨 불만이 있어 그러는지 알아보아야 합니다. 아이가 자기 마음을 알려줄 때 엄마는 잘 들어 주고 어떤 문제도 하찮게 보면 안 됩니다. 아이가 원한다면 해결책을 제시해 보아도 되고, 아이 스스로 해결책을 내 보도록 해도 됩니다. 엄마와 아이가 함께 마음을 열고 생각해 보는 것입니다.

그러다 보면 엄마와 아이의 관계는 더 좋아지고, 아이는 힘들 때면 엄마라는 쉼터에서 잠시 쉴 수 있다는 것을 알게 됩니다. 엄마도 기꺼이 그런 쉼터가 되어 주면서 아이와 함께 살아갈 힘을 기릅니다. 이제 엄마도 아이도 서로의 편이 생긴 것입니다. 세상에 이만한 좋은 내 편도 없습니다.

4장

아이를 진짜로
사랑하는 감정 코칭법

세상에 나쁜 아이는 없다

01

한 중학교에 미술치료사로 파견되어 나간 적이 있다. 그 학교에는 문제아들만 모아 놓은 반이 따로 있었다. 그 아이들을 대상으로 미술치료를 진행하기로 했다. 그 학교를 방문한 첫날, 상담 선생님의 절망적인 표정을 지금도 잊을 수 없다. 상담 선생님은 이미 많이 지쳐 있었으며 내게 아이들을 조심하라는 당부의 말씀도 잊지 않았다.

아이들이 있는 교실로 들어가니 난리도 아니었다. 내가 오든지 말든지 자기들끼리 떠들고 있었다. 하물며 어떤 아이는 어디서 가지고 왔는지 모를 쇠파이프를 들고 서 있었다. 나는 겁이 났다. 이런 아이 한 명도 힘든데 무려 일곱 명의 아이들이 있었기 때문이다. 앞으로 석 달 정도를 이 아이들과 미술치료를 해야 한다니…, 절망적이었다. 나는 큰소리로 "모두 앉자."라는 말을 다섯 번 정도 한 후에야 아이들과 얘기를 시작할 수 있었다.

원래는 첫날 미술 활동을 바로 시작하기도 하지만 지금 이 아이들에게 미술 활동을 시킨다는 것 자체가 의미가 없어 보였다. 나는 미술 용품들을 뒤로 치운 뒤 내 소개를 했다. 내 얘기를 마치고 아이들에게 자기소개를 해 보라고 했다. 아이들은 난리도 아니었다. 서로 자기 얘기를 하겠다고 욕을 하는 아이들도 있었다. 아이들이 쓰는 언어 중에 대략 70퍼센트가 욕이었다.

나는 순서를 정한 뒤 자기소개뿐 아니라 자기 얘기를 해 보라고 했다. 나는 자기소개를 한 아이에게 사탕을 주며 고맙다고 얘기했다. 아이들은 배고픈 이 시간에 사탕을 받으려 열심히 자기 얘기를 하기 시작했다. 어린아이들에게나 사탕이 먹힐 것 같지만 중학생에게도 먹힌다. 그것은 아마 어른도 마찬가지일 것이다.

우여곡절 끝에 첫날은 그렇게 마무리되었다. 상담 선생님은 미술 치료를 마치고 나온 나의 표정을 보고 다 안다는 듯한 표정을 지어 보였다. 집에 오는 길에 앞으로의 시간들을 어떻게 보내야 하나 걱정이 되었다. 이 아이들과 함께 보낼 시간은 한정되어 있고 이 아이들이 나와 함께하는 이 시간에 무엇을 느끼고 가면 좋을까 하는 생각이 계속 들었다.

그렇게 한 주가 흐르고 아이들을 다시 만났다. 몇몇 아이들이 보이지 않았다. 상담 선생님께 물어보니 벌점을 받아서 봉사 활동을 하고 있단다. 이런 일은 계속되었다. 아이들은 매주 교대로 봉사 활동을 하는 듯했고 나는 남은 아이 몇 명만 데리고 미술치료를 해야했다. 아이들은 대충 그림을 그리거나 그냥 아무 색이나 대충 도화지에 칠하고 누워 있었다.

나는 아이들이 이 활동을 즐길 수 있도록 인내심을 가지고 기다려주어야 했다. 그러던 중 한 아이가 그림을 그리면서 자신의 얘기를하기 시작했다. 그 아이가 마음을 열어 얘기를 해 주니 하나둘 자신의 얘기를 하기 시작했다. 나는 아이들이 그럴 때마다 공감을 해 주며 경청하는 모습을 보여 주었다. 떠들기만 했던 아이들이 차츰 마음을 열고 다가오니 고맙기까지 했다.

그 아이들 가운데 가장 문제아로 찍힌 한 아이가 "선생님, 전 잘하는 게 많아요. 잘하고 싶어요."라는 얘기를 했다. 어떤 것을 잘하고 싶냐고 물어보니 "그림 그리는 걸 좋아해요. 그림을 그리고 싶어요."라고 말했다. 그 말을 하는 아이의 눈이 참 맑아 보였다. 아이에게 희망을 주고 싶었다. 그 아이가 봉사 활동을 갔을 때 다른 아이들이 그 아이에 대해 말하는 것을 들어 보니 가정환경이 좋지 않은 아이였다.

나는 그 아이가 안쓰러워 나와 함께 있는 동안만이라도 아이가 희망을 가질 수 있도록 내가 미술을 시작한 계기와 경험들을 얘기해 주었다. 아이의 행동이 달라지기 시작했다. 매일 늦던 아이가 먼저 와서 앉아 있었다. 그리고 자기의 그림을 그리고 나한테 평가받길 원했다. 난 아이에게 그림에 대해 얘기해 주면서 삶의 다양한 부분들에 대해 말해 주기도 했다. 아이의 눈빛에서는 나를 신뢰하고 있다는 것이 느껴졌다.

이렇게 많은 변화가 있던 중 그 아이는 강제 전학을 갔다. 지금도 생각하면 많이 아쉬운 아이이다. 아이가 나와 함께했던 그 짧은 시간에 많은 걸 느꼈다면 좋겠다. 이 아이를 생각하며 나 또한 많은 것을 생각하게 되었다.

과연 세상에 나쁜 아이가 있을까?

그 아이의 행동으로만 봤을 때 그 아이는 나쁜 아이이다. 말과 행동이 폭력적이니 선생님들과 친구들에게 좋은 평가를 받지 못했다. 학교에서는 이미 문제아로 낙인찍혔고 아이들은 이 아이를 피했다. 아이는 어렸을 때부터 부모에게 자신의 감정을 공감받지 못했다. 그러니 자신의 감정을 표현하지 못하고 억누른 채 살아왔을 것이다.

사춘기가 되고 그 억압되었던 감정들이 폭력적인 행동으로 표출된 것이다. 사람들은 그 아이의 감정을 이해해 주는 대신 행동으로만 아이를 평가하기 시작했다. 그 평가 안에서 아이는 자신의 가치를 잃어 갔다. 아이는 사람들에게 평가받는 자신의 이미지대로 행동하는 것이 더 편했을지도 모른다. 그러던 중 미술치료 시간에 자신의 감정을 존중받고 공감받는 경험을 한 후 아이는 많이 변화할 수 있었다. 만약 그 아이가 좀 더 어렸을 때부터 가정 안에서 자신의 감정을 공감받았더라면 지금 다른 인생을 살고 있지 않을까?

엄마들은 아이를 많이 사랑하고 내 자식이 행복하게 살길 바란다. 엄마들은 그처럼 위하는 아이들을 생각해서 다니던 일을 그만두면서까지 아이 돌보기에 여념이 없다. 하지만 생각만큼 아이는 잘 따라오지 않는다. 아이가 공격적인 행동을 하며 떼를 쓸 때면 엄마는 큰일 났다고 생각한다. 벌써부터 이러면 나중에 커서 뭐가 될까 심각한 고민에 빠진다. 엄마들은 그런 아이들을 볼 때 내가 이제까지 누구를 위해 이렇게 살았나 싶어 자괴감마저 들고 우울해진다.

아이의 그런 행동만으로는 아이가 문제가 있어 보일 수 있다. 하지만 그렇게 판단하기 이전에 아이가 왜 그런 행동을 할 수밖에 없었는지 생각해 볼 필요가 있다. 아이의 감정, 즉 마음을 살펴보는 것이다. 육아에 지쳐 있는 엄마들을 만나 보면 그 이유가 대부분 아이의 문제 행동 때문이다.

엄마들은 아이의 문제 행동들을 다 기억하고 나한테 얘기하느라 바쁘다. "아이가 이랬어요, 저랬어요." 이렇게 엄마들은 내게 아이의 잘못을 일일이 일러바치기라도 하듯 말한다. 나는 그럴 때면 엄마들의 말을 잠시 멈추게 하고 물어본다. "어머니, 아이가 미우세요?" 그러면 엄마들은 당황해하며 "아니죠….."라면서 말끝을 흐린다.

"어머니, 그러시면 아이가 왜 그런 행동을 하는지 생각해 보신 적 있나요?" 장황하게 추측을 할 뿐 확실하게 대답하는 엄마는 많지 않다. 아이의 행동만 기억하고 그것들이 잘못됐다고 생각하니 힘든 것이다. 육아가 힘들고 아이가 힘들고 그러면서 하루 종일 우울한 생각들로 가득 차게 되는 것이다.

아이는 엄마와의 관계를 통해 자신이 가치 있는 사람이라는 것을 배운다. 자신이 가치 있는 사람이라고 생각하는 아이들은 자신을 사랑하고 스스로를 소중히 여기며 인생을 살아가게 된다.

아이의 감정을 알아주어야 한다. 행동 안에 숨겨져 있는 아이의 마음을 들여다보아야 한다. 가장 좋은 방법은 대화를 해 보는 것이다. 혼내기 전에 아이와의 대화를 통해 아이의 마음을 들여다보는 것이다.

자신의 감정을 이해받지 못한 채 자란 아이는 그 감정을 공격적인 행동으로 표출할 뿐이다. 그런 아이를 우리는 흔히 나쁜 아이라고 말한다. 세상에 나쁜 아이는 없다. 아이가 어렸을 때부터 자신의 감정을 공감받고 있다고 여기면 아이는 자신의 삶이 가치 있는 것이라고 생각하며 살아가게 된다. 그리고 자신의 행동에 대해 책임감을 가지게 된다.

우리는 흔히 아이를 사랑한다는 말을 많이 한다. 그 말을 하는 만큼 아이의 감정을 공감해 보자. 아이가 나쁜 행동을 한다면 아이의 마음을 같이 들여다보자. 그럼 아이는 큰 변화로 엄마에게 보답할 것이다.

02

시하 주차장에 들어가려면 주차장 입구에서 주차 티켓을 뽑고 들어가야 하는 곳이 있다. 어느 날 그게 작동하지 않았고 엄마는 당황했다. 뒤에 기다리는 차들은 빵빵거리기 시작했고 뒷좌석에 탄 아이는 당황한 엄마와 뒤차들의 경적 소리에 불안해지기 시작했다. 엄마가 주차를 담당하는 곳에 전화해서 일은 잘 해결되었지만 아이에게는 불안이라는 감정이 남아 있다.

미술치료실에 들어와 아이는 끊임없이 그 얘기를 되풀이했다. 미술 활동을 잘하다가도 그 얘기를 갑자기 꺼냈다. 그런 행동은 한동안 계속되었다. 나는 엄마에게 최근 무슨 일이 있었냐고 물어봤다.

아이가 초등학교에 입학하고 나서 스트레스를 많이 받았는지 힘들어한다는 것이다. 요즘 유독 짜증을 많이 낸다는 것이다. 학교에서 돌아오면 안 자던 낮잠까지 잔다. 그리고 최근에는 친구와 쉬는 시간에 싸워서 선생님한테 혼나기까지 했다는 것이다.

아이 입장에서는 얼마 되지 않은 시간에 많은 일을 겪은 것이다. 초등학교에 입학해서 적응하느라 힘들었을 것이다. 그런데 친구와 싸워서 선생님께 혼나기까지 했으니 스트레스를 받을 상황이 연달아 일어난 것이다. 많은 아이들이 초등학교 입학을 하면서 스트레스를 받는다. 특히 유치원과 많이 다른 초등학교라는 환경하에서 어떻게 해야 할지를 몰라 한다.

선생님들도 유치원 선생님과 많이 다르고, 해야 할 공부도 많다. 아직 어린 아이들이 감당하기에는 다소 벅찰 수 있다. 아이들의 스트레스는 주로 불안이나 공격성으로 나타난다. 그처럼 스트레스를 이미 많이 받은 상황에서 아이는 주차장에서 그런 일을 겪은 것이다. 평소 같으면 그냥 넘겼을 법한 일이지만, 요즘 불안한 아이는 그 일이 마음에 꽂힌 것이다.

어른들도 기분이 좋을 때는 좋은 것만 보이고, 나쁠 때는 나쁜 것만 보이듯이 말이다. 아이들도 마찬가지다. 불안할 때는 불안한 상황만 보이는 것이다. 아이가 그런 얘기를 반복해서 한다는 것은 불안한 상태임을 보여 주는 것이다.

나는 아이가 스트레스를 잘 풀어 가도록 돕기 위해서 점토 작업을 많이 시켰다. 점토를 치대며 스트레스를 해소할 수 있게 한 것이다. 나중에 아이는 그 점토를 이용해서 자신의 상황에 맞는 인형극을 하기도 하면서 자기가 받았던 스트레스를 풀어 갔다.

집안에서도 마찬가지다. 아이와 놀이를 하면서 스트레스를 풀게 해 줄 수 있다. 아이는 다양한 놀이를 하면서 자기가 겪은 일들을 자연스럽게 말하고 그를 통해 불안한 감정을 해소할 수 있다.

이런 노력을 하고 나서 주차장에서 티켓을 뽑을 상황이 또 생기면 아이에게 말해 주는 것이다. 아무 일도 일어나지 않으며, 일어난다 해도 엄마는 그 문제를 잘 해결할 거라며 아이를 안심시켜 주는 것이다. 그러면 아이는 마음이 한결 편해질 것이다.

아이의 머릿속이 불안한 일로 가득 차 있어서 문제 행동을 할 수 있다. 그때는 아이의 감정을 알아차리는 것이 중요하다. 아이는 불안할 때 문제 행동으로 그것을 보여 주는 경우가 많기 때문이다. 그러면 어떻게 아이의 감정을 알아차릴 수 있을까?

그 방법은 어렵지 않다. 아이가 불안하다고 느껴질 때 엄마는 아이에게 불안한 마음에 대해 이야기하도록 하는 것이다. "정말 힘들지? 학교생활이 만만치 않지? 엄마도 네가 많이 힘들 것 같아."라며 아이의 감정을 알아차려 주고 인정해 주는 것이다. 그러면 아이도 자신이 요즘 겪는 일들에 대해 얘기하게 될 것이다. 불안한 감정이 어디서 오는 것인지 아이도 알아야 그런 감정에 더욱 성숙하게 대처할 수 있다.

엄마라면 아이가 불안해하지 않고 어떠한 상황에서도 잘 이겨 내길 바란다. 늘 아이가 활발하고 밝길 원한다. 아이가 불안하면 엄마도 같이 불안해져서 아이를 다그치기도 한다. 안 그래도 불안한 아이에게 왜 불안해하냐며 다그치면 아이의 불안은 더 커진다. 그러면 나중에 아이의 불안을 잠재우는 시간도 훨씬 더 길어진다.

엄마가 아이의 불안을 알아차리고 잘 대응할 수 있게 가르친다면 아이가 나중에 동일한 상황을 맞더라도 그 '불안'이라는 감정을 잘 처리해 나갈 수 있다. 그리고 '별거 아니야. 할 수 있어.'라며 생각을 바꿀 수 있다. 만약 그렇지 못한다면 아이는 '변화'라는 것은 '불안'이라고 생각할 수 있으며 익숙지 않은 상황을 마주하기라도 하면 불안한 감정부터 올라오게 된다.

사람은 불안을 느끼면 잘 하던 것도 못하게 된다. 불안한 감정에 압도당하는 것이다. 아이도 마찬가지다. 불안한 자신의 상황을 알아주지 않고 그 감정을 해결해 주지 않으면 불안한 감정에 빠져서 해야 할 일들을 잘해내지 못할 수 있다.

그러면 아이는 자괴감에 빠져 자신을 한심하고 무능력한 아이라고 생각할 수 있다. 자존감이 낮은 아이로 자라게 되는 것이다. 자존감이 낮은 아이들 같은 경우 불안감이 높은 경우가 많다. 변화를 겁내 하고 낯선 환경을 아주 싫어한다. 그래서 집에만 있는 아이, 아무런 도전도 하지 않는 사람이 되어 가는 것이다.

그러므로 아이의 감정을 알아차려 주는 것이 중요하다. 바쁜 일상 속에서 엄마들은 분주하다. 항상 바빠 보이는 엄마에게 자신의 감정을 표현하기가 힘든 아이들도 있다. 엄마한테 말했다가는 자신을 이

상한 아이로 볼까 봐 겁내기도 한다.

　그럴 때는 엄마가 먼저 다가가야 한다. 아이가 어릴 때는 자신의 감정이 무엇인지 모르기 때문에 엄마의 도움이 필요하다. '알아차림'이 그것이다. 아이의 행동에 민감해질 필요가 있는 것이다. 겉으로 드러난 아이의 행동이 아이의 속마음을 표현하고 있을 수 있기 때문이다.

　그리고 아이에게 "그런 감정은 당연히 생길 수 있는 것이며 충분히 공감한다."고 얘기해 주는 것이 좋다. 아이의 불편한 감정들이 다 해소되지는 않겠지만 엄마가 반복해서 이야기해 준다면 아이는 안심할 수 있기 때문이다.

　아이가 불안해하면 안쓰럽다. 하지만 아이의 인생을 우리가 대신 살아 줄 수는 없는 일이다. 아이가 힘든 일을 겪으면 대신 겪고 싶다. 그것이 부모 마음이다. 하지만 그럴 수 없다는 것을 엄마도 안다.

　그러면 엄마가 없을 상황에서도 아이가 잘 견디어 낼 수 있는 힘을 만들어 주는 것이 필요하다. 그 힘은 대단한 힘이다. 아이가 그것이 어떠한 상황이든 그 상황에 직면해서 잘 대처할 수 있는 힘이기 때문이다. 어떤 힘보다 막강한 힘이다.

　그것을 우리는 아이와 함께 만들 수 있다. 그 첫 번째가 감정을 알아차리는 것이다. 아이의 감정을 알아차리는 것은 아이가 자신의 감정이 무엇인지 알고 그 감정이 일어나는 원인을 찾게 도와주는 것이다. 아이가 스스로 답을 찾아 그 감정을 해소했다면 그러한 감정 조절 방법이 정말 자기 것이 된 것이다. 앞으로 그런 감정이 생기면 어떻게 대처하면 좋은지 이제는 알게 됐으니 말이다. 그런 감정이 또 생기고 또 생긴다 해도 아이는 그 감정을 조절할 수 있게 된 것이다.

아이는 신기한 존재다. 하나를 알려주면 열을 안다. 아이가 한 번이라도 자신의 감정을 알고 그것을 잘 조절하는 경험을 한다면 아이는 그 감정이 생길 때 스스로 알아차리고 다룰 수 있는 힘이 생긴다. 이럴 때 엄마는 아이를 격려해 주면 된다. 아이가 꼬리에 꼬리를 물며 변화할 때 잘했다고, 앞으로 더 좋아질 거라고 말해 주면 된다.

아이의 말을 경청한다

03

요즘 너 나 할 것 없이 스마트폰을 손에 쥐고 다닌다. 업무도 스마트폰으로 하는 사람들이 많아져서 스마트폰은 요즘 시대에 없어서는 안 될 필수품이 되었다. 정보도 넘쳐난다. 그렇다 보니 부모들도 바쁘다. 일도 많은데 손에서 스마트폰을 놓기가 힘들다. 스마트폰으로 인해 대화가 단절되는 가정이 요즘 늘고 있다.

언젠가는 아이들도 스마트폰을 손에 쥐고 살게 되고, 사춘기가 되면 말수가 줄어들 것이다. 하지만 어렸을 때는 다르다. 엄마의 꽁무니를 쫓아다니며 엄마한테 조잘조잘 이야기하기 바쁘다. 그런 아이들이 어느 날부터 말을 하지 않는다. 엄마는 그제야 아이의 마음이 궁금해 말을 시켜 보지만 아이는 도통 입을 열 생각을 하지 않는다.

엄마와 아이를 위한 마음 챙김

엄마는 왜 아이의 말을 잘 듣지 못했을까?

아이는 엄마가 내 얘기를 들어 주지 않는다는 것을 알게 되고 말문을 닫아 버린다. 많은 엄마들이 안타깝게도 아이들과 함께 있는 이 순간을 즐기지 못한다. 집안일도 많고, 직장을 다니는 엄마의 경우 업무와 집안일을 병행하기란 여간 힘든 게 아니다.

그러니 자연스럽게 아이의 말이 잘 들리지 않을 수 있다. 스마트폰으로 집중해서 무언가를 보고 있는데 아이가 와서 말이라도 걸면 갑자기 짜증이 밀려온다. 동생들 돌보기도 바쁜데 큰애의 얘기가 길어지면 잘 듣기가 힘들다. 내려놓고 아이와 눈을 마주치고 말을 들어 줘야한다는 것은 머리로는 알고 있는데 몸이 따라 주지 않는다.

대충 듣고 그 상황을 모면하지만 아이가 나중에 그 내용에 대해 물어보면 엄마는 잘 기억해 내지 못한다. 잘 듣지 않았기 때문이다. 아이는 그제야 엄마가 자기 이야기를 제대로 듣지 않았다는 것을 알고 화가 난다.

'엄마는 내 말을 듣지 않는 사람'이라고 치부해 버리기도 한다. 그러니 아이는 엄마가 얘기할 때도 듣지 않게 된다. 엄마가 "넌 엄마 말을 왜 그렇게 안 듣니?"라고 물으면 아이는 "엄마는 내 말을 언제 잘 들었어?"라며 맞받아친다. 엄마는 화가 나서 아이에게 "그게 엄마한테 무슨 말버릇이냐"며 혼을 낸다. 아이와의 감정이 나빠진 것이다. 더는 서로의 얘기를 듣고 싶지 않다. 악순환이 시작된 것이다.

아이가 하고 싶은 말을 들어 주자

미술치료실에서 아이와 상담하면서 나 또한 많은 것을 배운다. 특히 아이의 말을 잘 들어 주는 것이 얼마나 중요한지 알게 되었다. 자기 말을 잘 하지 않는 아이가 있었다. 그 아이는 말을 잘 알아듣지 않게 하는 아이이기도 했다. 그렇다 보니 남의 말을 듣는 것도, 자기 말을 하는 것도 익숙지 않은 아이였다.

아이는 내가 무슨 말을 하면 듣는 둥 마는 둥 딴청을 피우기도 하고, 작품을 만드는 데 열중하는 척하며 무시하기도 했다. 나는 그럴 때면 아이가 자기의 말을 하기까지 기다린다. 미술치료가 좋은 점이 아이가 그림을 그리거나 만들기를 하면서 자연스럽게 작품에 대해 말을 하면서 자기의 말을 한다는 것이다.

어느 날, 아이는 점토를 이용해 만들기를 하고 있었다. 아이는 그 점토로 사람을 만들고 있었다. 아이는 이 사람이 나쁜 사람이라고 말하면서 없애 버려야 한다고 말했다. 아이에게 "나쁜 사람? 혹시 네 주변에 나쁜 사람이 있니?"라고 물어보자 아이는 자연스럽게 학교에서 자기를 괴롭히는 아이에 대해 말하기 시작했다.

내가 "그런 일이 있으면 선생님이나 엄마한테 말하지 그랬니?"라고 묻자 "선생님은 제가 먼저 잘못했다고 말해요. 제 편이 아니에요. 엄마는 바빠요. 제 동생이 말썽꾸러기여서…." 하고 말했다. 나는 아이에게 네 편이 될 사람을 하나 더 만들어 보자고 제안했고, 아이는 신나게 흰색 점토를 이용해서 자기편이 될 수 있는 사람을 만들었다. 그러면서 둘이 싸워서 착한 사람이 이겼다고 얘기했다. 아이는 한결 편해진 모습이었다. 자기편을 만들어 낸 것이다.

나는 아이가 걱정돼서 부모 상담 시간에 그 내용을 엄마에게 말해 주었다. 금시초문이라는 것이다. 아이가 얼마나 외로웠을까 하는 생각이 들었다. 오히려 동생을 돌보느라 바쁜 엄마를 생각해 주는, 마음이 예쁜 아이인데 자기 말을 들어 주고 자신을 도와줄 자기편이 아무도 없다고 생각했을 것이다.

아이는 자기가 말할 환경이 되면 자연스럽게 말을 한다. 나는 그래서 아이와의 놀이로 미술 활동을 추천해 준다. 미술 활동을 통해 아이가 말할 수 있는 자연스러운 환경을 만들어 주는 것이다. 그림을 그리다가도 그림 내용과 연관이 되는 자기 얘기가 나올 수 있기 때문이다. 아이는 마음이 편해지면 아주 사소한 것에서도 자기의 마음속 얘기를 스스럼없이 하기도 한다. 우리는 그냥 쉽게 지나칠 수 있는 그런 소소한 말들 속에서 진짜 자기 속마음이 담긴 얘기가 나오기도 한다.

그럴 때면 엄마는 아이에게 나는 지금 네 말을 정말 잘 듣고 있고 계속 듣고 싶다는 반응을 해 주어야 한다. 눈을 마주치고 아이를 무릎에 앉혀 안아 주며 이야기를 듣는 것도 좋다. 그러면 아이가 심리적 안정감을 가질 수 있기 때문이다. 청소년이 되면 엄마와 심오한 대화를 판을 깔고 하기도 하지만 아이인 경우 그렇게 하기가 쉽지 않기 때문이다.

만약 아이가 자기 얘기를 잘 듣고 있지 않다고 생각하면 말하는 것을 어느 순간 멈출 수 있다. 말을 하지 않으니 마음에 골병이 들어 문제 행동을 보이기도 한다. 우리도 말이 안 통하는 사람이 있으면 그 사람과 다음부터 말을 하지 않듯이 아이도 마찬가지인 것이다.

물론 바쁜 일상에서 아이의 말을 경청해서 듣기란 쉽지 않다. 엄마는 아이를 양육하는 것 말고도 할 일이 많기 때문이다. 하지만 아이는 이 순간 엄마에게 절실히 할 말이 있을 수 있다. 그럴 느낌이 들면 잠시 할 일을 미루는 것이 좋다. 많은 시간을 미뤄 놓는 것이 아니다. 잠깐이다. 아이가 말하는 것은 몇 분 걸리지 않을 수 있다. 하지만 그 말 안에 많은 것이 담겨 있다는 것을 안다면 우리가 하려는 일들은 그리 중요한 게 아니라는 생각이 들 것이다.

부모 상담을 할 때 엄마는 아이의 많은 문제점을 얘기한다. 그러면서 내게 "아이를 어떻게 키워야 할까요?"라고 물어보는 엄마들이 많다. 상담 도중 갑자기 아이가 문을 열고 들어와서 "엄마, 나 집에 빨리 가고 싶어."라고 말하면 엄마는 짜증난다는 식으로 "알았어. 어휴, 넌 기다리지도 못하니? 문 닫고 나가 있어."라고 매몰차게 말한다.

나는 그러면 "어머니, 아이가 왜 그럴까요?"라고 묻는다. 그때서야 엄마는 당황하면서 "쟤는 맨날 저런 식이에요."라며 얼버무린다. 아이가 왜 그러는지 모르는 것이다. 그 이유를 궁금해하지 않고 아이의 말을 듣지 않으니 아이가 왜 그러는지 모르는 것은 어쩌면 당연한 일일 수 있다.

물론 아이가 문제가 있을 때 전문가에게 의견을 물어보고 조언을 받을 수 있다. 하지만 나는 먼저 아이의 말을 들어 보았냐고 물어본다. 대부분의 엄마들은 아이와 말해 봤자 소용이 없다는 식으로 말한다. 그건 아니다. 소용없다는 것은 엄마 생각이다. 아이의 행동이 바뀌지 않으니 말을 들을 필요가 없고 말해 봤자 소용없다고 생각하는 것이다.

엄마와 아이의 대화에서 소용없는 것은 없다. 대화 속에 아무 내용이 들어 있지 않아도 아이와 눈을 마주치며 들어 주는 것만으로도 아이에게 많은 것을 줄 수 있기 때문이다. 엄마의 사랑이 그중에서 가장 큰 것이다. 어떤 아이든 엄마의 사랑을 질실히 원하기 때문이다.

아이는 사랑하는 엄마의 눈빛, 몸짓 하나하나 신경을 쓰며 살핀다. 말을 할 때는 더 그렇다. 엄마가 내 말을 들어 주는지 아닌지는 그것들을 보고 알 수 있기 때문이다. 아이의 말을 경청하는 것은 전혀 어렵지 않다. 아이와의 이 순간에 집중하는 것이다. 내 아이가 말을 하려고 다가오면 기쁜 마음으로 아이의 말을 들어 주는 것이다. 지금 이 순간 나와 내 아이만 있는 것처럼 말이다. 지금 이 순간은 아이의 마음을 알 수 있는 소중한 기회이기 때문이다. 아이의 말을 경청하자. 그러면 엄마의 말은 자연스럽게 아이의 마음속에 스며들 것이다.

비교는 아이의 자존감을 떨어뜨린다

04

자존감이 무척이나 떨어져 있는 아이가 있었다. 매사에 자신감이 없고 스스로 자신의 가치를 낮추고 있었다. 그림도 도화지 구석에 작게 그렸다. 내가 보기에는 참 괜찮은 아이인데 정작 자신은 스스로를 그렇게 생각하지 않는 듯 보였다.

어느 날, 그 아이에게 "너는 참 괜찮은 아이야. 근데 너는 그렇게 생각하지 않는 것 같다. 혹시 왜 그런지 얘기해 줄 수 있겠니?"라고 물으니 "잘 모르겠어요."라고 대답했다.

시간이 지나 아이는 마음을 열기 시작했다. 어느 날, 아이는 여전히 자신 없는 눈빛으로 나를 쳐다보며 말했다. 어렸을 때부터 엄마가 자신을 남과 많이 비교했다는 것이다. 어렸을 때 자기는 공부도 꽤 잘하고 반장도 도맡아 했단다. 하지만 엄마에게 한 번도 칭찬다운 칭찬을 받아 본 적이 없다는 것이다.

시험을 잘 봐서 시험지를 가지고 가면 엄마는 무심한 듯 보고는 "연희는 전체에서 1등이라더라. 겨우 반에서 1등 한 것 가지고 호들갑이냐."라고 말했다는 것이다. 그 이후로 연희와의 비교는 엄마에게 버릇처럼 하는 말이 되었다. 툭하면 연희와 자기를 비교했다는 것이다. 그러다 전교 1등을 해서 이제는 엄마에게 인정받을 수 있을 거란 생각에 집으로 달려갔다.

하지만 엄마의 말은 자기의 기대를 완전히 저버렸다는 것이다. 나는 아이의 그 말만 듣고도 엄마가 어떤 식으로 말했든 참 너무했다는 생각이 그 순간 들었다. 그 엄마의 대답은 "연희가 이번에 감기에 걸려서 컨디션이 좋지 않았다더라. 아마 걔가 아프지 않았다면 너보다 잘했을 거야."라고 말했다는 것이다. 그 순간 아이는 모든 것을 놓아 버렸다.

그리고 그 이후로 공부도 하지 않았다. 그러다 보니 성적은 떨어졌고 엄마의 잔소리는 늘어만 갔다. 엄마에 대한 반감이 커져 엄마 말을 듣지도 않았다. 집에 있는 날에는 무기력하게 침대에서 잠을 자거나 휴대폰을 하는 등 시간을 때웠다. 엄마는 놀랐다. 말 잘 듣던 아이가 하루아침에 변하니 놀랄 만도 했다. 그래서 심리치료를 받게 되었던 것이다. 자기가 잘해도 넘지 못하는 산이 많은데 엄마가 계속해서 인정을 해 주지 않으니 더 이상 산을 넘을 생각조차 못하게 되어 버린 것이다.

엄마는 자신의 아이보다 더 잘하는 다른 집 아이에 대해서 얘기하고 경쟁심을 심어 주면 아이가 더 힘을 내서 잘할 거라 생각했을 것이다. 그것은 엄마의 큰 착각이다. 성인이 된 우리도 끊임없이 남과 비교되면 지레 좌절하고 무언가를 시도조차 하기 싫을 때가 많지 않은가. 굳이 엄마가 아이에게 이런 좌절을 안겨 줄 필요는 없는 것이다.

남과 비교당한 아이는 자기가 남보다 못하다는 생각이 팽배해진다. 스스로 남보다 낮다고 생각하니 무엇을 한다는 것 자체가 부담스럽고 시도조차 하기 싫다. 아이가 자신의 가치를 낮추고 무기력해지는 순간이다. 이 얼마나 어리석은 일인가. 내 아이가 세상에서 제일 소중하다고 자신 있게 말하는 엄마가 내 아이를 제일 낮은 사람으로 만드는 것이다. 그만큼 아이를 다른 아이와 비교하는 것은 좋을 것이 하나도 없다.

내가 아이한테 엄마에게 지금이라도 하고 싶은 말이 있냐고 하니 아이는 갑자기 얼굴을 들더니 확신에 찬 목소리로 말했다.

"저는 엄마를 다른 엄마와 비교하지 않았어요. 더구나 연희 엄마는 제 엄마보다 요리도 잘했는데 말이죠. 저도 엄마가 다른 엄마와 비교당하면 어떨지 알게 하고 싶어요."

아이도 엄마를 봐 준다

아이가 엄마를 봐 준 것이다. 자기도 비교당하면 기분이 나쁘다는 것을 알기 때문에 엄마한테는 그러지 않았던 것이다. 이 아이의 이 말이 아직도 기억에 남는다. 엄마를 다른 엄마와 비교하지 않았던 아이, 하지만 자신은 늘 다른 아이와 비교당해야만 했던 아이, 참 불쌍하다.

그 후로도 아이가 스스로 가치 있다고 느끼기까지는 많은 시간이 필요했다. 우선 엄마를 용서하는 것이 시급했다. 엄마를 용서하는 일은 무척이나 힘들어 보였다. 괜찮아질 즈음이면 엄마가 전에 했던 말들이 생각나서 엄마와의 관계가 다시 극도로 나빠졌기 때문이다.

아이의 부모는 자기가 무엇을 잘못했는지 몰랐다. 아이에게 최선을 다했는데 아이가 자기를 미워하니 속상하다고만 생각했다. 그래서 아이와 미술치료를 하면서 부모 상담도 해야 했다. 부모가 바뀌지 않으면 아이도 바뀌기 어렵기 때문이다.

나는 엄마에게 이렇게 말했다. "아이는 엄마를 좋아해요. 좋아해서 슬펐던 거예요. 어머니가 좋아하는 사람이 다른 사람과 어머니를 비교해서 말한다고 생각해 보세요. 슬프시죠? 아이도 그렇게 생각하는 거예요. 아이는 지금도 노력하고 있답니다. 아이가 더 나은 삶을 살 수 있도록 엄마가 도와주셔야 해요. 엄마한테 다시 신뢰를 쌓기까지 시간이 걸릴지도 몰라요. 그래도 기다려 주셔야 합니다. 아이가 상처받은 만큼…."

엄마는 눈물을 흘린다. 어떻게 그 마음을 헤아릴 수 있겠는가. 다만 그 엄마에게는 인내가 필요할 것이다. 다시 아이의 마음을 열기까지 자신을 내려놓고 아이를 위해 기다려 주어야 한다.

지금 내 아이가 진짜 내 아이다

다른 아이와 내 아이를 바라본다. 다른 아이의 좋은 점이 보인다. 그런 아이들 사이에서 우리 아이만 뒤떨어지지 않는지 걱정스럽다. 다른 아이들은 내 아이보다 잘하는 것도 많아 보인다. 저 아이의 엄마는 얼마나 좋을까. 마치 자기가 그 아이의 엄마가 된 듯한 착각에 빠져 본다.

내 아이가 혹시나 이 치열한 사회에서 낙오자가 되지 않을까 지레 겁먹기도 한다. 요즘 학원가에서도 엄마의 이런 심리를 더욱 부추긴다. 학원에서는 시험을 봐서 성적에 따라 반 편성을 한다. 내 아이가 낮은 반에 들어가야 한다는 사실을 알게 된 순간, 엄마는 좌절한다.

내 아이가 못하면 엄마인 내가 못난 것처럼 느껴진다. 자신의 무능함을 탓한다. 아이에게 미안한 마음이 든다. 엄마는 아이가 좀 더 어렸을 때부터 자기가 노력했더라면 내 아이가 다른 아이들보다 앞서갔을 거란 생각에 마음에 큰 돌덩어리가 하나 얹혀 있는 것처럼 답답하다.

이런 마음이 자기도 모르게 다른 아이와 자신의 아이를 비교하게 만드는 것이다. 왜 이렇게밖에 하지 못하냐며 다그친다. 네가 그 아이보다 뭐가 못나서 이것밖에 못하냐며 핀잔을 준다. 아이는 이런 엄마가 야속하다. 노력한 건 보지 않고 결과만 보고 다른 아이와 비교하니 엄마가 밉다. 아이는 상황을 회피하기 시작한다. 부딪쳐서 이길 자신이 없으니 회피하는 게 더 마음이 편하기 때문이다. 매사에 자신 없는 아이가 되는 것이다.

아이들은 매 순간 느끼고 배우며 자란다. 엄마들은 그런 아이가 잘 자랄 수 있도록 돕는 사람이다. 아이를 다른 아이와 비교하는 것은 엄마와 아이 둘 다에게 전혀 도움이 되지 않는 일이다. 엄마가 자신의 아이를 다른 아이와 비교하느라고 만든 그 잣대에 아이를 올려놓으면 안 된다. 아이는 자신의 속도에 맞춰 자라고 있기 때문이다. 다소 늦는 아이도 있고 빠른 아이도 있다. 조금 느리다고 실망할 필요도, 조금 빠르다고 좋아할 필요도 없다.

아이는 오늘도 내일도 더 자란다. 몸만큼이나 마음도 자란다. 아이는 굳이 누군가와 비교당하지 않아도 스스로 깨우치며 성장한다. 절대 다른 아이와 비교하지 말라. 비교하고 싶어도 그 말을 삼키는 편이 낫다. 좋은 점보다는 안 좋은 점이 더 많기 때문이다. 엄마는 아이를 평가하는 사람이 아니다. 아이를 다른 아이들과 비교 평가하면서 점수를 매기는 사람이 아니다.

안 그래도 아이는 학교에서 많은 친구들과 만나면서 자기도 모르게 그들과 자신을 비교하며 좌절할 수 있다. 물론 그 좌절의 순간을 딛고 일어나야 하는 것도 아이의 몫이지 부모의 몫은 아니다. 아이가 발전할 수 있도록 묵묵히 기다려 주는 것이 부모이고 엄마인 것이다.

아이의 말을 그대로 들어 주고 공감해 주기

05

아이의 말을 잘 들어 주고 공감해 주라는 것은 요즘 많이들 하는 말이다. 엄마들은 바쁜 시간을 쪼개서 아이의 말을 잘 들어 주려고 귀를 기울인다. 하지만 정말 아이가 하고 싶은 말을 듣고 있는가?

내가 이 말을 해야지 하고 작정하고 하는 말보다는 마음속 깊이 숨겨 둔 마음의 말을 듣고 공감해 주는 것이 필요하다. 아이는 엄마가 자기 말을 그대로 들어 주고 그것에 대해 공감해 주면 자신이 굉장히 가치 있는 존재라고 생각하게 된다.

아이가 말을 할 때 토를 다는 엄마들이 있다. 물론 엄마 입장에서는 아이에게 도움이 되는 말들을 해 주고 싶었을 것이다. 아이보다 경험이 많다고 생각하는 엄마는 아이에게 많은 얘기를 해 주고 싶기 때문이다. 정작 아이는 그런 얘기를 듣자고 말을 꺼낸 것이 아니

엄마와 아이를 위한 마음 챙김

기 때문에 엄마 말이 꼭 잔소리처럼 들린다.

아이는 '엄마는 또 엄마 생각만 하는구나.' 하면서 말문을 닫아 버린다. 한 번 닫은 말문이 다시 열리는 데는 굉장히 오랜 시간이 걸릴 수 있다. 그렇게 때문에 엄마가 아이의 말을 있는 그대로 끝까지 들어 주고 공감해 주는 것이 중요하다. 아이가 얘기할 때는 그 내용이 아무리 소소하더라도 잘 들어 주어야 한다. 하고 싶은 말이 있어도 참고 아이의 말을 먼저 들어 주어야 한다.

학교가 두려웠던 아이

학교 가기를 싫어하는 한 아이가 있다. 이 아이는 어렸을 때부터 엄마한테 학교 가기 싫다고 계속 얘기해 왔다. 아이는 친구들과 지내는 게 힘들고 그래서 학교생활이 힘들다고 말해 왔다. 그러나 엄마는 그때마다 곧 괜찮아질 거라며 아이를 위로했다.

괜찮아질 거라고 말해서 괜찮아진다면 좋겠지만 그렇지 못한 경우가 더 많다. 아이는 엄마가 자기 말을 제대로 듣지 않았다고 생각한다. 마지막이라 생각하고 한 번 더 말하니 엄마는 "친구끼리 사이좋게 잘 지내 보지 그래."라며 무심하게 대답한다.

아이는 자신의 감정을 철저히 외면당했다고 생각했다. 이제 더 이상 그런 얘기를 엄마에게 하지 않겠다고 결심한다. 결국 아이는 고등학생이 돼서 심리치료실을 찾았다. 초등학교 때부터 쌓였던 상처가 아물지 못한 채로 남아 있다가 고등학교 때 아예 곪아서 터져 버린 것이다.

아이의 마음은 많이 상해 있었다. 아이는 엄마한테 자기 마음이 공감받지 못했을 때 다 소용없다고 느꼈다고 말한다. 이제 학교라는 곳은 아이에게 그냥 참아지는 곳이 아니었다. 지금은 자퇴까지 생각할 정도로 심해진 것이다.

마음이 아팠다. 엄마를 만나 보니 아이를 많이 걱정하는 엄마였다. 엄마는 아이의 마음이 이렇게까지 다쳤을 거라고는 생각도 못했단다. 엄마는 아이와 대화도 많이 나눈다고 한다. 그런데 자기가 놓친 부분이 있었다며 속상해했다. 많은 엄마들이 자신은 아이와 대화를 많이 하고 있으며 그래서 아이를 잘 안다고 생각한다. 하지만 아이들을 만나 보면 엄마와는 전혀 다른 생각을 가지고 있다.

같은 이야기를 하고 듣는데 왜 서로 다른 생각을 갖는 걸까? 엄마의 듣는 태도와 엄마가 보이는 반응 때문이다. 엄마는 아이가 하는 이야기를 있는 그대로 듣지 않고 본인 생각을 첨가해서 듣는다. 아이가 힘들게 말을 꺼낸다고 해도 엄마가 자기 생각을 그 위에 덮어 버리면 아이는 엄마가 자기를 이해하지 못한다고 생각한다.

여기에 더해 엄마한테 훈계라도 들으면 다음부터는 아예 말할 시도조차 하지 않게 된다. 아이들은 학교를 다니면서 무수히 많은 것들을 경험한다. 좋은 경험만 하면 좋은데 친구들 사이에 문제라도 있으면 아이들한테는 죽을 맛이다. 학교라는 한정된 공간에 있으니 해결하는 것도 쉽지가 않다. 매일 똑같은 환경을 마주해야 하기 때

엄마와 아이를 위한 마음 챙김

문에 아이는 그런 동일한 상황을 피하고 싶어서 학교 가기를 싫어하게 되는 것이다.

아이는 이런 어려움을 엄마에게 털어놓았던 것이다. 그런 말을 하기까지 아이에게는 큰 용기가 필요했을 수 있다. 아이는 엄마가 나의 이 심각한 내용을 어떻게 받아들일까 생각하며 힘든 마음을 꺼내 놓았다. 하지만 엄마가 아이의 그런 말에 대수롭지 않게 반응한다면 얼마나 힘이 빠지겠는가. 만약 엄마가 아이의 말을 그대로 들어 주고 공감해 주었다면 지금과는 다른 상황이 펼쳐지지 않았을까.

자연스러운 분위기에서 듣는 아이의 마음

아이의 진짜 마음이 궁금하고, 또 아이에게 문제가 있다면 해결해 주고 싶은 게 엄마 마음이다. 아이의 마음을 알려면 자연스러운 분위기가 형성되어야 한다. 아이가 자기 얘기를 잘할 수 있도록 말이다.

나도 아이가 짜증을 내면 기분이 좋지 않다. 아이가 친구와 싸움이라도 한 건 아닐까 생각해 보기도 하지만, 아이의 행동이 더 눈에 띄는 것이다. 눈에 거슬린다는 표현이 더 맞을 수 있다. 아이의 말을 듣기보다 그 행동을 지적해 주고 싶다. 그러나 행동에 주목하기보다는 우선 아이의 말을 그대로 들어 주는 것이 중요하다.

나는 주로 아이가 잠자리에 드는 시간을 이용한다. 아이는 잠자리에 들면서 이런저런 얘기를 꺼내 놓기 시작한다. 아이는 편한 분위기에서 학교에서 일어났던 일들을 얘기한다. 나는 아이가 오늘 하루 어떤 일이 있었고 친구들과 어떻게 지냈는지 쉽게 알 수 있다. 그런 얘기들은 다음 날 밤에도 이어진다. 아이가 자신의 이야기를 이어 갈 수 있으니 더 많은 얘기를 하게 된다.

작정하고 얘기하는 것보다 이렇게 자연스럽게 아이가 자신의 얘기를 할 수 있는 분위기를 만들어 주는 것이 중요하다. 엄마들은 마음이 조급할 때가 많다. 또한 아이의 말을 들어 주기보다는 물질적으로 많은 걸 해 주면서 아이가 필요로 하는 것들을 다 해 준다고 생각한다. 정작 아이의 말은 바쁜 일상에서 귀찮게 느껴져 잘 듣지 않는다. 아이는 물질적인 것보다 엄마가 내 말을 잘 들어 주기를 더 바란다.

엄마가 직장에 다니거나 시간적 여유가 없다면 집에 돌아오자마자 아이와 대화를 나누어 보자. 아이는 반가운 마음에 더 열심히 자기 이야기를 꺼내 놓을 것이다. 그렇게 아이에게 엄마가 자기를 얼마나 소중하게 생각하는지 알려주자.

아이의 말을 있는 그대로 들어 주자

엄마가 아이의 말을 그대로 들어 주지 않고 엄마 입장에서 다르게 해석해서 이야기하면 아이는 짜증을 내기 시작한다. "엄마는 내 마음을 그렇게 몰라?" 하면서 버럭 화를 내기도 한다. 잘 들어 주려고 노력하는 엄마의 마음을 아프게 하는 순간이다.

내가 전하고 싶은 말을 생각하기보다는 아이가 정말 내게 하고 싶은 말이 무엇인지 주의하여 들어 보자. 아이의 이야기를 들어 주며 공감한다는 것은 힘든 아이에게 특별한 위로가 될 수 있다. 그 어떤 사람이 주는 힘보다 더 큰 힘을 아이에게 줄 수 있다. 어른들도 힘들면 위로받고 싶다. 아이들은 오죽하겠는가. 아이가 친구에게도 털어놓지 못하는 난처한 상황에 처해 있다면 엄마가 아이의 말을 들어 줄 수 있어야 한다.

아이들은 마음에 문제가 있으면 행동으로 나타난다. 그때서야 '우리 아이가 왜 이럴까?' 하고 궁금해한다. 그럴 때는 '내가 아이의 말을 있는 그대로 들어 주었던가? 내가 놓쳤던 부분이 있었나?'라고 스스로에게 먼저 물어봐야 한다.

분명 아이가 말을 할 때 놓쳤던 부분이 있거나 괜찮아지겠지 하며 지나간 경우가 있을 것이다. 피곤해서 지나친 적도 있을 것이다. 아이는 자신의 말이 공감받을 때 스스로를 가치 있는 사람이라고 느끼게 된다. 아이의 말을 더도 말고 덜도 말고 있는 그대로 들어 주고 공감해 주자. 그러면 아이는 엄마의 사랑을 느끼며 마음이 풍요로운 아이로 자랄 것이다.

손님처럼 아이를 대하라

06

친구들과 노는 걸 좋아하는 내 아이는 가끔 친구들을 집에 초대해서 그 나이에 맞는 놀이를 한다. 나는 친구들을 데리고 온다는 말을 듣는 순간부터 긴장한다. 아이들이 우리 집을 편하게 생각해서 잘 놀기를 바라는 마음은 물론 내 딸이 친구들에게 좋은 이미지로 남기를 바라는 마음 때문이다.

아이의 친구들이 놀러 온다는 날은 아침부터 집 안을 말끔하게 청소하고, 아이들이 좋아할 간식들을 챙기러 마트에도 들른다. 아이들이 집에 오면 간식들을 내어놓으며 가끔 아이들이 잘 놀고 있는지 살펴본다. 또한 아이들이 주고받는 말에 귀를 쫑긋 세우기도 한다.

아이들의 기분을 맞춰 주기 위해서 관심도 가져 준다. 어떤 아이가 예쁜 액세서리라도 하고 왔으면 칭찬을 해 주면서 기분을 좋게 해 주기도 한다. 아이들이 내게 질문이라도 하면 친절하게 대답해 준다. 아이들이 기분 좋게 놀다 가면 나 또한 기분이 좋고, 내 아이의 사회성 발달에 도움을 준 것 같아 뿌듯하기도 하다.

그런데 어느 날, 아이는 "엄마는 나보다 내 친구들이 좋아?"라고 물었다. 나는 그 말을 듣고 놀랐다. 아이가 왜 그런 걸 나한테 물어보는지 도무지 이해할 수가 없었다. 오히려 오늘을 위해 준비한 나의 노력들을 아이가 알아주지 않는 것 같아 섭섭한 마음마저 들었다.

그러나 이 질문은 그보다 며칠 전 조카가 집에 놀러 왔을 때 했던 것이기도 하다. 조카가 오랜만에 집에 놀러 와서 여러 가지를 챙겨 주고 그동안 못했던 대화도 나누었다. 그런데 조카가 집에 가자 아이가 이런 질문을 했다. "엄마, 나보다 언니가 더 좋아?"

두 번이나 그런 질문을 받으니 아이에게 분명 무슨 불만이 있을 거라는 생각에 이유를 물었다. 자기가 엄마 딸인데 엄마는 자기보다 남들한테 더 잘해 줘서 화가 났다는 것이다. 말도 안 되는 소리였지만 아이 입장에서 생각해 보니 충분히 그렇게 느낄 수 있겠다는 생각이 들었다. 이 일들은 나에게 많은 것을 느끼게 해 주었다.

집에 찾아온 손님이나 오랜만에 만난 사람들에게 굉장히 친절하다. 혹시라도 불편해 하지는 않을까 말 한 마디도 조심스럽게 한다. 근데 정작 내 아이에게는 그렇게 대해 주지 못한다. 그런 것들이 내 아이에게는 불공평하게 느껴진 것이다. 엄마가 자기한테는 잘해 주지 않으면서 남에게는 잘해 주니 얼마나 억울한 마음이 들었을까?

아이는 엄마의 사랑을 의심한다

우리는 아이가 "엄마, 나 사랑해?"라고 물어보면 "그럼! 엄마는 너를 제일 사랑한단다."라며 당연히 아이에게 사랑을 충분히 보여 주었다고 생각한다. 하지만 정말로 엄마가 사랑을 제대로 표현해 주고, 사랑한다고 믿을 만한 행동을 보여 주었는지 생각해 볼 필요가 있다.

아이는 엄마가 나를 사랑한다면 내 친구들에게 말하고 행동하는 것처럼 자기한테도 해야 한다고 믿고 있을지도 모른다. 그런데 엄마가 그렇지 못했다면 아이는 의문을 가진다. '엄마는 나를 사랑할까?' 엄마의 사랑을 의심하기 시작하는 것이다. 엄마의 사랑은 왜 아이에게 오해받을까? 그 이유는 아이를 사랑한다는 명목하에 아이에게 많은 것을 기대하고 있기 때문이다.

엄마는 아이를 사랑하기 때문에 아이에게 바라는 것이 많아진다. 그것은 '기대'라는 이름으로 아이들에게 다가간다. 아이가 엄마의 기대에 못 미치면 엄마는 아이가 못마땅해진다. 아이가 마음에 들지 않아 사사건건 아이의 행동이 눈에 밟힌다. 아이는 엄마의 기대를 만족시켜야 한다는 생각에 불안함을 느낀다. 아이는 그 불안감에서 벗어나기 위해 엄마로부터 멀어져 간다.

행복하지 않았던 아이

학원을 다니느라 밤 10시면 집에 오는 아이가 있다. 아이는 성적이 떨어질까 봐 불안해서 안절부절못한다. 책상 앞에는 오래 앉아 있지만 책이 눈에 들어오지 않는다. 곧 중간고사인데 또 시험을 망칠까 봐 불안하기 때문이다. 시험을 망치면 분명 엄마가 난리칠 것이 뻔하다. 아이는 시험에 대한 부담감과 엄마의 기대 때문에 공부하는 것이 점점 두려워진다.

그런 아이를 보는 엄마는 아이가 마음에 들지 않는다. 비싼 학원을 보내 봐도 소용이 없는 아이가 한심해 보이기까지 한다. 학원 갔다 밤에 들어오는데도 성적이 오르지는 않고 떨어지니 그 이유가 궁금하다.

엄마는 부지런히 그런 아이를 위해 발로 뛴다. 설명회도 다니고 공부 잘하는 아이의 엄마들도 만나면서 정보를 얻기 위해 최선을 다한다. 그 정보를 가지고 아이에게 어떻게 공부를 해야 원하는 대학에 갈 수 있는지 설명해 준다. 그러나 아이는 엄마 마음을 알아주기는커녕 시큰둥하다. 아이는 언제부턴가 힘에 부쳐 보인다. 엄마도 그런 아이를 보면서 안쓰럽다. 하지만 다른 아이들은 더 많은 일정을 소화하며 공부를 하고 있다. 엄마의 마음은 조급하다. 아이가 좀 더 힘을 내 엄마가 기대하는 대로 따라와 주었으면 좋겠다는 마음뿐이다.

아이가 지금 잠깐 고생하면 더 나은 삶이 기다리고 있을 거라는 확신으로 아이를 더 밀어붙인다. 아이가 이 시기만 잘 이겨 내면 앞으로 자신의 인생을 살아가는 데 견디는 힘을 충분히 기를 수 있을 것이라 생각한다. 엄마는 이것이 아이에게 줄 수 있는 제일 좋은 사랑이라고 믿는다. 아이도 언젠가 엄마의 마음을 알아주는 날이 있을 거라 굳게 믿는다.

어느 날부턴가 아이는 행복하지 않다는 말을 자주 한다. 죽음에 대해 얘기하기도 한다. 엄마는 걱정되기 시작한다. 아이를 사랑해서 했던 자기의 행동이 문제가 있었던 것은 아니었나 생각한다. 그제야 아이와 대화를 해 보려고 말을 시켜 보지만, 아이의 마음의 문은 이미 닫혀서 엄마와 대화조차 해 보려고 하지 않는다. 그래서 엄마는 상담실 문을 두드리게 되었다.

아이는 많이 힘들어 보였다. 무기력해져서 아무것도 하고 싶지 않다고 했다. 나는 엄마에게 시금이라도 늦지 않았으니 아이가 다시 일어설 수 있도록 엄마가 도와줘야 한다고 얘기했다. 엄마는 사랑해서 아이에게 한 행동들이었지만, 아이는 그런 행동들로부터 엄마의 사랑을 전혀 느끼지 못했다. 오히려 엄마가 엄마의 만족을 위해 자기를 괴롭힌다고 생각한다.

엄마의 기대는 아이에게 압박으로 다가갔다. 아이에게는 그런 압박이 불안감과 두려움으로 다가왔던 것이다. 아이는 자기가 행복하지 않은데 엄마는 자기를 사랑해서 그런 행동을 한다고 하니 전혀 납득이 되지 않는다. 엄마에 대한 복수심만 남아 있다. 엄마에게 반항을 해서 엄마를 상처 줄까도 생각해 봤다는 것이다. 아이와 엄마는 그렇게 멀어졌던 것이다.

아이를 사랑한다면 아이의 마음도 사랑해야 한다. 아이 몸에 상처 하나라도 나면 놀라지만, 아이의 마음의 상처는 모르고 넘어가는 일이 많다. 손님이 오면 불편해하는 그 마음까지 헤아리면서 사랑하는 내 아이의 마음의 상처를 모른다는 것은 어쩌면 말이 안 되는 것일 수 있다.

우리가 집에 오는 손님의 마음을 궁금해하며 불편해하지 않을까 생각하는 것처럼 아이의 마음도 궁금해하고 불편하지 않도록 살펴야 한다. 아이를 사랑한다고 해서 그 아이가 잘되는 길을 자기 마음대로 생각하고 결정한다면 그게 어찌 사랑이라고 할 수 있겠는가.

우리가 집에 오는 손님에게 많은 기대를 갖지 않듯이 아이에 대한 나의 기대도 낮출 필요가 있다. 그리고 이 험난한 세상을 아이가 잘 견디어 나갈 수 있도록 격려해 주며 잘 자랄 수 있도록 기다려 주는 것이다. 어떠한 관계 안에서도 사랑은 그런 것이어야 한다.

아이는 언젠가 독립적인 존재가 되어 우리 품을 떠난다. 어쩌면 우리 인생에서도 아이는 손님 같은 존재일 수 있다. 잠깐 머물다 가는 손님인 것이다. 그러니 손님처럼 아이를 대하자. 엄마라는 자신을 잠시 내려놓고 아이를 손님 바라보듯이 지켜봐 주는 것도 필요하다. 아이가 훗날 내 품에서 잘 떠나갈 수 있도록 해 주는 것이 아이를 깊게 사랑하는 마음이다. 우리는 그냥 우리에게 머물러 있을 때 잘 쉬어 갈 수 있도록 아이를 지켜봐 주고 사랑해 주면 되는 것이다.

엄마의 믿음이 아이를 자라게 한다

07

성인 대상 미술치료를 할 때였다. 첫날, 책상 위에 도화지와 크레파스를 준비해 두었다. 그 분은 머뭇거리며 미술치료실에 들어오더니 의자에 앉았다. 서로 소개를 하고 나서 나는 미술치료가 무엇인지 말한 다음 "오늘은 첫날이니 그리고 싶은 게 있으시면 그려 보세요."라고 말했다. 그분은 자신 없는 표정으로 도화지를 쳐다만 보고 있었다. 크레파스 하나를 꺼냈다가 마음에 들지 않는지 다시 넣었다 뺐다 하면서 선뜻 그림을 그리지 못했다. 나는 "그림 그리는 게 불편하세요?"라고 물어봤다.

"어렸을 때는 그림 그리는 걸 좋아했어요. 그런데 어느 날, 엄마가 제 그림을 보고 웃으시더라고요. 전 영문은 몰랐지만 왠지 엄마가 제 그림이 별로라고 생각하시는 것 같았어요. 제 친구 엄마한테 하

엄마와 아이를 위한 마음 챙김

시는 말씀을 우연히 들었죠. 쟤는 그림에 영 소질이 없다고. 그때부터 전 그림을 잘 그리지 않아요."

나는 여기는 그림을 평가받는 곳이 아니니 그리고 싶은 것 아무거나 그려 보라고 했다. 그러자 그분은 한참을 고민하더니 나무를 그렸다. 내가 "혹시 더 그리고 싶으신 게 있으세요?"라고 물으니 자신 없게 "아니요….."라며 말끝을 흐렸다. "괜찮습니다. 여기에서는 못 그리든 잘 그리든 아무 상관이 없습니다. 부담 안 가지셔도 됩니다. 마음 편히 오시면 됩니다."라고 말하자, 그 남자는 희미하게 웃음을 지어 보였다.

한 주가 지나고 만났을 때는 첫날보다는 편해 보였다. 한 주 동안 무슨 일이 있었냐고 물어보니 엄마에게 "나는 어렸을 때 그림을 잘 그렸어?"라고 물어봤단다. 엄마가 "잘 그렸지."이렇게 말씀하시기에 "그럼 왜 내가 소질이 없다고 그랬어?"라고 물으니 엄마가 놀라시며 "넌 별걸 다 기억하는구나. 엄마는 기억이 안 나지만 아마 별 생각 없이 말한 거였을 거야. 넌 그림을 잘 그린단다. 네가 그래서 그림을 그리지 않았다면 미안하구나."라고 사과를 하셨다는 것이다.

그분은 갑자기 마음이 편해졌으며 자기가 그림을 잘 못 그리는 것이 아니라는 새로운 믿음이 생겼단다. 사실 미술치료를 시작하면서 부담이 컸는데 이제는 괜찮단다. 그분은 그림을 그리는 것에 자신이 생겼고 지금은 그 누구보다도 그림 그리는 것을 좋아한다.

그분의 문제는 무엇이었을까? 어렸을 때 엄마의 믿음을 그대로 믿어 버린 것이다. '그림을 못 그리는 아이'라는 엄마의 믿음이 아이의 가능성과 그림을 그리고 싶다는 마음의 성장을 멈추게 한 것이다.

어렸을 때를 생각해 보면 엄마의 말이 곧 진리였다. 어릴 때는 엄마 없이는 아무것도 못했고 엄마를 누구보다도 사랑하기 때문이다. 사랑하는 사람의 말을 믿는 것은 당연한 일이다. 하고 싶은 것이 있어도 그것이 엄마에게 묵살당하면 다시 말을 꺼내기가 어렵다. 엄마 말을 들어야 한다는 것은 암묵적인 규칙으로 집안에서 엄마의 말을 거스르기란 쉽지가 않았다. 엄마에게 인정받지 못하는 것들은 포기해 버린 적도 많다. '나는 못 하는 아이야. 굳이 이런 걸 할 필요는 없어.'라고 스스로를 위로하는 것이 오히려 자신을 더 편하게 하는 방법이 되어 버렸는지도 모른다. 이렇게 아이에 대한 엄마의 믿음은 중요한 것이다.

의외로 많은 성인이 그런 경험을 가지고 있다. 지금도 자기는 못 하는 게 많은 사람이라고 생각하는 사람들도 있다. 태권도 관장님에게서 아이가 태권도를 너무 잘한다는 소리를 듣자 공부 안 하고 태권도를 할까 봐 그만두게 했다. 아이에게 넌 머리가 좋으니까 공부가 더 적성에 맞는 것 같다며 공부를 밀어붙인다. 아이는 그렇게 자기는 운동을 못하는 아이라고 생각하고 잘하는 것이 공부밖에 없어서 공부를 했다고 한다.

집안 형편이 어려워 아이의 재능을 키워 주기 힘들어서 아무것도 못하는 아이라고 아이 스스로 생각하게 만든 부모님도 있다. 아이는 자신이 무엇을 잘하는지조차 모른 채 자란다. 그런 이들 중에는 성인이 되어서도 자기는 그런 걸 아예 못하는 사람이라고 생각하는 분도 있고, 어떠한 계기를 통해 자신의 재능을 발견하고 펼치는 분도 있다. 만약 그분들의 엄마가 좀 더 아이를 믿고 격려해 주면서 키웠다면 아마 그들의 삶은 좀 더 풍요로워졌을 것이다.

엄마들의 잘못된 믿음

엄마들을 상담할 때 아이들이 미술치료실에서 작업한 작품들을 보여 주면 놀라는 엄마들이 많다. 나는 아이가 이 작품을 만들기 위해 얼마나 많은 생각을 했으며 심사숙고하여 재료를 골랐는지를 말해 준다. 또한 많은 시행착오를 겪으면서 노력을 많이 했다는 것도 강조한다.

"정말 이걸 혼자 만들었나요? 쟤는 생각하기 싫어하는 아이인데….." 이미 엄마들 마음속에 내 아이에 대한 믿음이 있다. 아이가 못할 거라는 믿음 말이다. 엄마는 자신을 힘들게 한다는 이유만으로 아이의 나쁜 점들만 기억한다. 그것은 아이가 잘하는 것이 있다는 믿음을 가지지 못하게 만든다.

어떤 아이는 자신의 이런 모습을 들키기는 싫고 엄마에게 자랑은 하고 싶을 때 꼭 나에게 이렇게 말한다. "선생님, 이것들을 저희 엄마한테 가지고 오라고 말씀해 주세요. 저는 무거워서 들고 나가지 못하겠어요." 그러면서 자신의 작업이 괜찮은지 힐끗 쳐다보며 미술치료실을 나간다. 자기가 가지고 나가서 엄마에게 보여 주는 것이 쑥스럽거나 엄마가 별로 좋아하지 않으면 상처받을 것 같을 때 많이들 하는 행동이다.

그렇다면 어떻게 아이에게 엄마의 믿음을 보여 줘야 할까? 엄마가 아이를 믿는다는 것을 보여 주는 것은 어렵지 않다. 아이한테 이런 것까지 신경 쓰면서 살아야 하나 싶지만, 간단하다. 아이의 눈을 보고 잘하는 것이 있으면 칭찬을 해 주고 아이에게 엄마가 널 믿고 있다고 말과 행동으로 확신만 주면 된다. 내가 이렇게 말하면 어떤 엄마들은 아이의 작품을 칭찬하기만 한다. 그러고는 그 작품을 집안에 짐이 된다고 아이 몰래 버리는 엄마들이 있다.

아이들은 와서 엄마의 그런 행동에 대한 분노를 나한테 말한다. 이것은 아이의 입장에서는 맞지 않는 행동이다. 엄마가 작품을 만든 나를 칭찬해 주면서 정작 그 작품은 쓰레기 취급하는 것이기 때문이다. 그 작품을 만든 아이의 가능성들을 믿어 주었다면 작품도 소중하게 생각해 줘야 한다. 그러면 아이는 그 믿음에 대한 진정성을 의심하지 않는다. 그게 엄마와 나 사이의 믿음을 단단하게 만드는 것이다.

아이는 오늘도 자란다

미술치료실에서 아이들을 만나면 매주 눈에 띌 정도로 발전한다. 클레이를 주무르는 것도 대충 하고, 제일 쉽게 만들 수 있는 공만 만들던 아이가 형체를 만들기 시작한다. 어느 날은 그에 더해 액세서리까지 만들어 글루건을 이용해 붙인다. 작업이 점점 더 정교해지는 것이다.

처음에는 무엇인지 알아볼 수 없는 그림을 그리는 아이가 있었다. 나는 그 아이가 그림은 잘 그리지 못하지만 그림에 대한 열정이 있다는 것을 알았다. 나는 아이가 조금씩 나아질 때마다 격려를 해 주었다. 아이는 처음에는 "거짓말"이라고 말하며 부정했다. 누구한테도 그림을 잘 그린다는 말을 들어 본 적 없으니 어쩌면 당연한 반응이었다. 지금은 직접 그릴 사진을 찍어 오기도 하고, 아주 멋진 집을 그리기도 했다. 도화지에 꽉 차게 그릴 만큼 이제 그림 그리는 것에 자신감이 넘친다.

엄마들은 아이의 작품을 보면서 그동안 자신을 힘들게만 했던 아이에 대한 믿음을 바꾸기 시작한다. 엄마의 색안경을 벗어 버리는 것이다. 쉽지는 않다. 매일 속만 썩이고 학교에서 문제를 일으켜 전화 소리만 들으면 깜짝 놀라는 엄마가 아이에 대한 믿음을 하루아침에 바꾸기는 어려운 일이다. 하지만 아이에 대한 잘못된 믿음이 있다면 조금씩 바꿔 보자.

아이에 대한 믿음을 가지면 아이는 좋아진다. 어떠한 방향이든 좋아지는 방향으로 가게 되어 있다. 엄마가 나쁜 아이라고 믿어 버리면 아이는 더 나쁜 짓을 한다. 이것은 우리의 경험으로도 알 수 있는 것이다. 자신을 믿지 못하는 사람들 사이에서 성장한 성인들 중에는 누군가가 자신을 믿어 주면 굉장히 발전하는 사람들이 있다.

그만큼 누가 자신을 믿는다는 것을 안다는 것은 굉장히 중요하다. 엄마가 아이를 믿어 주는 것은 그렇기에 더 중요한 일이다. 엄마는 자신의 일생을 함께할 굉장히 중요한 사람이기 때문이다.

아이를 키울 때는 때로는 보이지 않아도 보인다고 믿어야 할 때가 있다. 그 믿음이 언젠가는 아이에게 희망이 되고 용기가 되어 줄 수 있다. 엄마가 내 가능성을 진심으로 믿고 있음을 보여 준다면 아이도 모르는 잠재성마저 튀어나올 수 있다. 그때는 같이 즐거워해 주는 것이다. 엄마의 믿음은 이렇게 아이를 자라게 한다.

스스로 감정을 조절하는 아이로 키워라

08

아이는 부모와의 상호작용을 통해서 감정적인 상황에서 어떻게 감정을 조절해야 하는지 배운다. 엄마는 아이와 가장 오래 함께 있는 사람이므로 아이의 감정을 잘 조절할 수 있게 할 수 있는 가장 영향력 있는 사람이다.

아이가 자신의 감정을 잘 조절하려면 연습이 필요하다. 어린아이들은 아직 자신의 감정이 무엇인지, 그것을 어떻게 조절해야 하는지 모르기 때문이다. 그 방법을 엄마가 꾸준히 가르쳐 주면 되는 것이다. 자신의 감정을 잘 수용하고 조절할 줄 알면 아이는 스스로의 가치를 높여 자존감이 높아지며, 대인 관계나 문제 해결 상황에서 자신의 감정을 조절하여 좀 더 유연하게 대처할 수 있다.

치료실에서 공격성을 보여 준 아이

마음에 들지 않으면 물건을 던지는 아이가 있다. 아이의 엄마는 동생이 생긴 후 아이가 많이 달라졌다고 했다. 그전에는 순한 아이였는데 요즘은 화를 많이 낸다는 것이다. 화가 나면 물건을 던지는 행동을 많이 한다는 것이다. 며칠 전에는 동생에게 장난감을 던져 큰일 날 뻔했다는 것이다. 엄마는 아이가 걱정스럽다. 이대로 두었다가는 폭력적인 아이가 되어 버릴까 봐 걱정이다.

미술치료실에도 마찬가지였다. 작품이 자기 마음처럼 표현되지 않자 갑자기 재료를 집어던졌다. 아이도 자기가 한 행동에 놀랐는지 어쩔 줄 몰라 하고 있었다. 나는 "작품이 마음대로 잘 만들어지지 않지? 그래서 많이 화가 났구나?" 하고 말했다. 이이는 니를 물끄러미 쳐다보았다. 혼날 줄 알았는데 그렇지 않으니 당황한 눈치였다.

"네, 화가 났어요."

"근데 다음부터는 던지는 것보다 선생님한테 '화나요.'라고 말해 주었으면 좋겠어. 그러면 선생님이 도와주었을 텐데."

"네."

"그래, 다음부터는 화가 나면 선생님한테 무엇 때문에 화났다고 꼭 얘기해 줘. 선생님과 같이 만들어 보자. 그리고 던지는 행동은 하지 말자. 잘못하다가 다칠 수 있어."

"네."

아이는 동생이 생겨 스트레스가 많이 쌓인 상태였다. 항상 귀여움을 독차지하다 하루아침에 상황이 바뀌니 속상한 마음이 쌓여 스트레스가 된 것이고, 이것이 공격적인 행동으로 이어진 것이다.

우선 가정 안에서 아이의 스트레스를 줄여 줄 방법을 찾아야 한다. 아이 스스로 충분히 사랑받고 있다는 것을 느껴야 한다. 동생이 잠들어 있을 때 큰아이와 충분히 놀아 주며 사랑을 표시해 주어야 한다. 아이의 서운한 마음을 이해해 주고 그 감정을 아이가 스스로 해결하게끔 도와주어야 한다.

아이가 자신의 화를 공격성으로 표현한다면 아이가 화가 난 것을 공감해 주고 말로 자신의 감정을 표현할 수 있도록 유도한다. 아이는 자신의 감정을 말로 표현했을 때 그것이 진짜 자신의 감정이라고 생각하기 때문이다.

그다음에 행동의 한계를 정해 주면 된다. 아이의 감정은 충분히 공감하지만 그렇다 하더라도 나쁜 행동에는 분명한 한계가 있다는 것을 알게 해 주어야 한다. 그렇지 않고 아이가 자신의 감정에 대해서 공감을 받기만 했더라면 계속 그런 행동을 해도 공감을 받을 수 있을 거라 생각할 수 있다. 행동에 대해 혼나기만 한 아이는 혼나기 싫어 잠시 참을 수는 있어도 다시 공격적인 행동을 하게 된다. 그렇기 때문에 행동의 한계를 알려 주어야 한다.

이런 식으로 아이를 계속 다루다 보면 아이는 어느 순간 자신의 감정을 잘 조절해 스트레스가 쌓여도 금방 풀 방법을 찾는다. 앞으로도 그와 같은 상황을 맞닥트리면 어떻게 대처할지 알게 된다. 나는 아이의 엄마에게 아이의 감정을 읽어 주고 공감해 주라고 말했다. 동생이 생긴 이 상황을 아이가 잘 받아들이고 자신의 감정을 잘 조절할 수 있는 아이로 성장하게끔 아이를 도와주라고 말이다.

그다음 주, 엄마는 절망적인 표정으로 치료실을 찾았다. 이유를 물어보니 그렇게 해도 말을 듣지 않는다는 것이다. 자기가 너무 무섭게 하지 않아서 아이가 이러나 싶어 방에 데리고 들어가 자로 손바닥을 때렸다는 것이다. 아이는 엄마가 밉다며 서럽게 울었다.

나는 엄마의 힘듦을 이해했다. 아이 둘을 키우는 엄마는 육아에 많이 지쳐 있었다. 동생을 돌보느라 정신이 없는데 첫째까지 이러니 아이의 행동을 빨리 바로잡아야 한다는 생각에 참지 못한 것이다.

나는 엄마의 얘기를 한참 동안 들어 주며 엄마를 위로해 주었다. 엄마도 마음에 여유가 없으니 아이의 행동이 너무나 거슬린 것이다. 나는 엄마에게 아무것도 할 수 없는 아이들에게는 엄마밖에 없으니 조금만 힘을 내 달라고 말했다. 이 순간이 지나가면 더 큰 기쁨을 아이들이 줄 테니 기다려 달라고 말했다.

그리고 아이를 가르칠 때는 힘들어도 반복해서 계속 설명해 줄 필요가 있다고 말했다. 계속 말해 주면 아이는 스스로 생각을 하게 된다. 그러면 다음에는 그렇게 하지 않도록 노력해 볼 수 있다. 그때 아이에게 칭찬이라는 보상을 해 주면 된다.

아이가 행복하게만 살기를 바라는 게 부모 마음이다. 하지만 인생에는 언제나 행복한 일만 있을 수 없다. 슬픈 일, 힘든 일이 있기 마련이다. 아이가 슬픈 일이 있을 때 그것을 극복하는 힘, 힘든 일이 있을 때 그것을 견디어 내는 힘은 자신의 감정을 알고 잘 조절할 수 있는 능력에서부터 온다.

그것은 아무나 해 줄 수 있는 일이 아니다. 엄마만이 할 수 있다. 아이들과 가장 많은 시간을 함께하는 사람이기 때문이다. 아이가 옳지 않은 행동을 하면 엄마 눈에는 그 행동만 보인다. 그래서 그 행동을 가지고 아이의 모든 것을 판단해 버리기도 한다.

하지만 그 행동 뒤에 숨은 아이의 마음을 들여다볼 수 있어야 한다. 아이는 아직 어리기 때문에 그 마음이 무엇인지, 어떻게 표현을 해야 하는지 잘 모른다. 그것을 엄마가 읽어 주며 공감해 주는 것이다. 그리고 문제 행동의 한계를 정해 주고, 함께 문제를 해결할 수 있는 방법을 찾아보는 것이다.

말은 쉬워 보여도 행동으로 옮겨 보면 쉽지 않다는 걸 알 수 있다. 아이는 계속 말썽을 부리고 엄마는 짜증을 내는 악순환이 반복될 수도 있다. 아이를 가르치는 것, 그리고 아이가 변화하는 것을 보는 것, 이 모든 것은 쉽지 않다. 어쩔 땐 상당한 인내심을 요구할 수도 있다.

하지만 우리가 누구인가? 엄마다. 내 아이한테 하나밖에 없는 엄마다. 내가 아니면 누가 내 아이한테 그렇게 해 주겠는가. 감정을 잘 조절할 수 있는 아이가 건강한 어른으로 성장할 수 있다. 내 아이가 나중에 멋진 어른으로 성장할 수 있도록 지금 도와주는 것이 중요하다.

아이를 사랑하세요?

"아이와 진짜 사랑을 하고 계세요?" 어이없는 질문이라 생각할 수도 있습니다. '아이를 사랑하니까 키우지, 남이면 이렇게까지 할까'라는 생각을 가지고 있으니까요. 부모 상담을 하면서 아이에 대한 엄마의 사랑보다도 엄마의 욕심이 먼저 보일 때가 있습니다. 모자란 내 자식이 엄마를 너무나 힘들게 해 엄마 본인의 욕심을 채울 길이 없어서 아이도 엄마도 힘들어 보일 때가 많습니다.

연인들의 관계를 생각해 보세요. 서로 각자 잘 살아가면서 관계를 좋게 해야 별 탈이 없습니다. 처음에는 이 사람 하나면 충분할 것 같았는데 그런 마음이 시간이 가면서 변하기 시작합니다. '욕심'이란 것이 생깁니다. 상대방이 나만 볼 수 있도록 구속하고, 나한테 더 잘하라고 남과 비교하면서 서로를 힘들게 하기 시작합니다. 이건 누구를 위한 사랑일까요? 상대방도 힘들고, 나도 힘들고 서로에게 전혀 득이 될 게 없는 그런 사랑이 되어 버렸습니다.

아이와의 관계도 마찬가지입니다. 엄마도 아이가 건강하게만 자라면 좋겠다고 생각할 때가 있었지만, 아이가 자라면서 욕심이 생깁니다. 다른 아이와 비교하면서 내 아이는 왜 못하는 게 많을까, 왜 저렇게 느릴까 생각하는 그런 마음 말입니다. 이것은 엄마인 나와 내 아이 모두를 힘들게 하는 욕심입니다.

내 아이의 있는 그대로의 모습을 사랑할 줄 알아야 합니다. 그게 바로 진짜 사랑의 모습입니다. 아이와 진짜 사랑을 하면 아이의 지금 못마땅한 모습보다도 아이의 마음이 먼저 보입니다. 엄마와 아이가 서로의 마음을 어루만져 줄 때 아이는 자랍니다. 이것이 내 아이가 세상과 맞설 힘을 가지게 하는 방법입니다. 아이와 내가 함께 잘 사는 법, 그것은 진짜 사랑을 하는 것입니다.

5장

아이와의 감정 공감이
행복한 아이를 만든다

아이와의 감정 교감이 행복한 아이를 만든다

01

엄마라면 누구나 내 아이가 행복하기를 바란다. 우리는 내 아이가 행복하게 자라길 바라면서 아이에게 필요한 거라면 뭐든 다 해 주려고 노력한다. 경기가 좋지 않아도 아이들 용품이 잘 팔리는 이유가 엄마의 이런 마음 때문이다.

엄마는 아이에게 더 좋은 옷, 더 좋은 학용품을 사 주고 더 좋은 교육을 시키기 위해 오늘도 노력한다. 하지만 아이에게 기분 좋은 건, 좋은 옷을 입고, 좋은 학용품을 사고, 좋은 대학을 가도 그때뿐임을 알아야 한다. 마음이 행복하지 않으면 아이는 좋은 환경에 있어도 자기가 행복하다고 느끼지 않는다.

우리는 아이를 낳으면서 엄마가 된다. 아이를 낳기 전에는 몰랐던 일들이 우리 인생에 펼쳐진다. 아이를 낳기 전에는 아이를 위한 예쁜 물건들만 눈에 띈다. 좋은 유모차, 예쁜 옷을 고르며 아이를 기다린다.

하지만 아이를 낳는 순간, 이게 다가 아니라는 생각이 든다. 아이가 울면 왜 우는지, 아이가 짜증을 내면 왜 짜증을 내는지 살피는 게 더 중요하다는 생각이 드는 것이다. 그때부터 엄마는 좋은 부모가 되려면 어떻게 해야 할까 하는 생각을 하게 된다.

좋은 부모는 어떻게 되는 걸까? 좋은 엄마는 어떻게 해야 하는 것일까? 이런 궁금증이 생기는 것이다. 아이에게 좋은 엄마가 되기 위해 노력하지만, 아이가 느끼는 엄마의 모습은 좋은 엄마와는 거리가 멀다. 아이가 사춘기라도 되면 절망적이다. 끊임없이 좋은 엄마가 되려고 했지만 아이는 엄마가 자기를 대하는 방법이 다 잘못되었다고 말한다.

엄마는 아이에게 사랑을 주며 최선을 다해 키우려 노력했지만, 아이는 자기 인생을 엄마 마음대로 하려고 했다고 느낀다. 엄마가 해 주었던 모든 것들이 자기가 원하는 게 아니었다며 자기를 이제는 놔두라고 말한다.

엄마는 망연자실한다. 도대체 어디서부터 잘못되었는지, 무엇을 잘못했는지 모른다. 다시 돌아가면 잘 키울 수 있을 것 같지만, 시간은 허락하지 않는다. 하지만 이제라도 늦지 않았다. 아이가 그렇게 느끼고 있다면 다시 아이와 시작해 보는 것이다.

아이가 사랑받고 있다고 느낄 수 있도록 그동안 아이를 대했던 엄마 자신이 옳다고 생각했던 그 방법들을 바꿔 볼 필요가 있다. 위기가 곧 기회라고 하지 않는가. 아이가 엄마를 그렇게 느끼고 있다면 이번 기회에 아이와 다시 좋은 관계를 만들어 가면 되는 것이다.

아이와 좋은 관계는 어떻게 만드는 것일까? 엄마와의 관계를 통해서 아이가 스스로 행복한 사람이라고 느끼게 만드는 것이다. 행복한 사람은 스트레스를 잘 견디고 사람과의 관계를 잘 형성하며 시련이 있어도 잘 극복할 수 있는 사람을 말한다.

그런 사람으로 성장해 자신의 삶을 잘 이끌어 나갈 수 있도록 엄마가 가르쳐 주어야 한다. 그 방법은 엄마에게 있다. 아이는 엄마를 통해서 세상을 바라보며 다른 사람들을 어떻게 대해야 하는지 배운다. 그렇기 때문에 아이들에게 엄마는 어떠한 감정이라도 안전하게 표현할 수 있는 사람이어야 한다. 안전하게 표현하며 자신의 감정을 공감받았을 때 아이는 비소로 행복한 삶에 좀 더 가까워질 수 있는 것이다.

삶을 즐기지 못하는 아이

청소년 대상으로 미술치료를 할 때였다.

"한 주 어떻게 지냈니?"

"그냥 그랬어요. 힘들었어요."

"왜 힘들었는데? 무슨 일 있었니?"

"그냥 행복하지 않다는 생각이 들어요. 친구들은 다 재미있게 사는 거 같은데 제가 낄 자리가 없어요.”

“엄마는 뭐라시니?”

엄마에게 말하면 엄마는 별일 아니라는 듯 “학교생활이 다 그렇지 뭐. 엄마도 그랬어.”라는 말로 아이의 힘든 감정을 이해해 주지 않는다는 것이다. 그러면서 성적에 대한 엄마의 관심과 기대가 너무 부담스럽다고 말한다. 성적이 떨어지면 엄마가 불같이 화를 낼 게 뻔하기 때문에 그 스트레스도 만만치 않아 보였다.

아이는 최상의 것들을 엄마에게 받고 있었다. 좋은 옷을 입고 있었으며 원하는 건 엄마가 다 해 준다고 말했다. 근데 뭐가 문제일까? 그렇다면 아이가 행복하다고 느껴야 할 텐데, 아이는 행복하지 않다고 얘기한다.

문제는 엄마의 ‘화’를 내는 방법에 있었다. 아이의 감정을 공감도 하기 전에 화부터 낸다. 엄마는 불안이 높은 사람이었다. 아이가 잘할 때면 칭찬도 잘해 주는 사람이지만, 마음에 들지 않는 행동을 하면 불같이 화를 낸다는 것이다. 아이가 혹시라도 잘못하면 어쩌나 하는 마음이 ‘화’로 표현된 것이다.

아이는 더 이상 엄마를 믿을 수 없다고 했다. 자기를 사랑한다면 힘들 때 위로도 해 주고 달래도 줘야 하는데 화만 내니 엄마가 자기를 위하는 행동들이 다 거짓같이 느껴져 이제는 엄마를 믿지 못하겠다고 말한다.

엄마에 대한 신뢰가 없으니 아이는 엄마의 말을 더는 듣지 않기 시작했다. 엄마는 아이에게 해 주었던 자신의 행동들이 다 잘못되었다는 것을 아이한테 인정하는 것이 힘들어 보였다. 나는 엄마에게 솔직한 자신의 감정을 얘기하라고 말했다. 아이한테 미안하다면 사과를 하는 것도 좋은 방법이라고 했다. 이 상태에서는 엄마의 모든 행동이 아이에겐 좋아 보이지 않을 것이기 때문이다. 그러면 서로에 대한 감정의 골은 깊어질 것이며 회복되기 어려울 수도 있다고 말했다.

엄마는 나의 말대로 아이에게 사과를 하고 변화할 것을 약속했다고 했다. 아이는 엄마가 사과를 하는 순간, 마음이 편해지는 것을 느꼈다고 말했다. 아이는 엄마한테 많은 것을 바라는 것이 아니다. 힘들 때 자신의 감정에 공감받고 이해받는 것을 원할 뿐이다.

엄마는 아이와 다시 좋은 관계를 만들어 나가기로 아이와 약속했다. 엄마와의 좋은 관계는 친구들과 좋은 관계를 형성하는 데도 영향을 미친다. 어렸을 때부터 자신의 감정을 공감받지 못한 아이들은 다른 사람들과의 관계 형성에 많은 문제점을 보인다. 자신의 감정을 공감 받지 못하니 다른 사람들의 감정도 공감하지 못하는 것이다.

아이와의 감정 공감이 행복한 아이를 만든다. 아이 입장에서 생각하고 아이의 감정을 엄마가 읽어 주어야 한다. 그래야 아이는 자신의 삶을 주도적으로 이끌어 나갈 수 있으며 다른 사람과의 관계도 좋은 사람이 되는 것이다. 아이들은 인생을 살면서 우리가 그랬던 것처럼 스트레스를 받기도 하고 인생에 큰 시련을 겪기도 한다. 그

엄마와 아이를 위한 마음 챙김

것을 잘 견디어 낼 수 있는 힘은 다른 것도 아닌 '감정 공감'에 있다.

오늘 아이 때문에 너무 지치고 힘들다면 내 아이의 마음을 들여다보자. 그리고 그 마음에 위로를 건네자. 위로의 시작은 아이의 마음을 읽어 주고 공감해 주는 것에 있다. 아이는 그렇게 위로받은 마음으로 오늘도 힘차게 더 나아가기 위해 노력할 것이다.

감정 표현을 제대로 하는 아이로 키워라

02

자신의 감정을 언어로 표현하게 하는 것은 매우 중요하다. 아이가 자신의 감정을 말로 표현하게 되면 아이는 자신의 감정이 무엇인지 알게 되고, 심리적 안정감도 갖게 된다. 아이들은 자신의 감정을 언어로 표현하는 것을 어려워한다. 그러므로 아이가 어떠한 감정을 가지고 있는지 엄마가 알아차릴 수 있어야 한다.

아이의 감정을 읽어 주는 것은 어렵지 않다. 아이가 어떠한 기분이 들 때 하는 행동들이나 얼굴 표정 등을 기억하고 있으면 좋다. 아이가 알아듣지 못하게 말한다 해도 잘 듣고 아이의 감정을 읽어 준다.

아이가 자신의 감정을 숨기지 않고 편안하게 말할 수 있는 분위기를 만들어 주어야 한다. 놀이를 통해서 아이의 감정을 알아보는 것도 좋다. 아이는 재밌고 편안한 분위기에서 자신의 얘기를 하게 되기 때문이다.

아이가 부정적인 말을 하면 싫어하는 엄마들이 있다. 말을 막거나 왜 그런 이상한 생각을 하냐고 나무란다. 하지만 감정에는 긍정적인 감정이 있듯이 부정적인 감정도 있다. 아이의 부정적인 말도 아이가 지금 느끼는 감정을 표현한 것이다. 아이의 부정적인 생각을 안 좋게만 생각하면 아이는 마음속에 그 감정을 숨기게 되고 그것은 나중에 더 크게 분출될 수 있다.

아이가 감정을 표현할 때 그것이 어떠한 감정인지를 엄마가 가르쳐 주면 아이는 자신의 감정을 말로 표현하는 방법을 배우게 된다. 모든 것이 그렇듯 한 번에 잘되는 일은 드물다. 가르치는 것도 마찬가지다. 시간을 가지고 노력할 때 아이도 엄마도 변하게 된다.

"짜증나요."라는 말을 자주 쓰는 아이가 있다. 미술치료실에 들어와서 투덜거리며 말을 한다. "선생님 짜증나요." 나는 "왜 짜증이 나는데?"라고 물어봤다. 아이는 "몰라요."라고 대답한다.

짜증이 나는데 정확히 어떠한 감정들 때문에 짜증이 나는지 모르는 것이다. 그러니 자꾸만 짜증이 나고 기분이 계속 좋지 않다. 나는 아이가 미술 활동을 하고 있을 때 자연스럽게 물어봤다.

"오늘 하루는 어땠니?"

"좋았어요. 근데 친구들이랑 못 놀아서 짜증났어요."

"왜 못 놀았는데?"

"학원을 가야 돼서요. 가기 싫었는데 엄마가 안 된다고 해서 학원을 갔어요."

"그래서 슬펐구나?"

"네, 애들은 다 노는데 저만 못 노는 거 같아서 슬펐어요. 친구들이 저를 빼고 갔어요."

"그래서 섭섭했구나."

나는 아이의 감정을 읽어 주었다. '짜증나요.'라는 말에 포함된 여러 감정을 아이가 인식하도록 도와준 것이다.

부모 상담을 하면 엄마와 아이가 닮아 있는 경우가 많다. 이번 경우에도 마찬가지였다. 엄마를 상담할 때 엄마도 똑같이 "쟤 때문에 너무 짜증나요. 쟤가 왜 저러는지 모르겠어요."라고 말한다.

엄마가 평소에 감정 표현을 못하니 아이도 잘 못하게 된다. 엄마는 아이의 거울이다. 아이의 감정을 잘 비춰 주지 않으면 아이는 자신의 감정을 잘 알지 못하게 된다. 엄마의 감정을 아이에게 정확히 표현해 주어야 한다. 그래야 아이도 엄마의 표현을 통해 자신의 감정도 어떤 것인지 배우게 된다.

왜 엄마가 어떤 것 때문에 아이한테 짜증이 나는지 만약 아이의 행동이 이유라면 그것 때문에 엄마의 감정이 어떤지를 말해 주는 것이다. 엄마도 자신의 감정을 억누르면 언젠가는 과격한 행동으로 표현되기도 한다. 엄마들이 갑자기 소리를 버럭 지르거나 손이 올라가는 것은 이런 이유에서다. 아이는 그것을 그대로 닮게 된다. 자신

엄마와 아이를 위한 마음 챙김

의 감정을 말로 표현하기보다 공격적인 행동으로 표현하는 것이다.

말로 표현하는 것이 어려웠던 아이

아이가 유치원에서 공격적인 행동을 자주 보여서 엄마 손에 이끌려 미술치료실에 온 아이가 있었다. 아이는 유치원에 가면 친구의 물건을 뺏거나 자기 마음에 들지 않으면 친구들을 때리는 행동을 하였다.

첫날, 아이는 그런 행동에 걸맞지 않게 눈치를 많이 봤다. 미술치료실에 들어와서 가만히 앉아 내 표정을 살피고 있었다. 아이에게 말을 시켜 보니 자신의 지금 감정도 말로 잘 표현하지 못했다.

최근에 동생이 태어났다. 아이 둘을 키우기가 너무 벅찬 엄마는 아이를 할머니 댁으로 보냈다. 그곳에 가서 아이는 유치원을 다니며 지내고 있었다. 아이는 자신도 모르게 스트레스가 쌓인 것이다. 모르는 아이가 집안에 생긴 것도 모자라 엄마 품에서 떨어지게 된 것이다. 아이는 그 스트레스를 어떻게 풀어야 할지 몰랐다. 유치원에서 자신의 스트레스를 푼 것이다.

자기가 그런 행동을 할 때마다 엄마는 걱정스럽게 자기를 쳐다본다. 아이는 엄마의 관심을 끌었다고 생각한다. 그래서 공격적인 행동을 멈추지 않고 계속한 것이다. 나는 아이와 미술 작업을 같이하면서 아이가 자신의 공격성을 표출해 보도록 했다. 아이는 클레이로 인형을 두 개를 만들어 서로 싸우는 장면을 연출했다. 나는 아이와 미술 작업을 같이하면서 작품을 가지고 같이 놀기도 하고, 아이가 어떠한 감정을 표현하면 그것이 어떠한 감정인지 읽을 수 있도록 도와주었다. 아이는 이제 제법 자신의 감정을 말로 잘 표현한다.

어린아이들 같은 경우 자신의 감정을 말로 표현하기 힘들다. 그렇기 때문에 아이와 놀이를 통해서 아이의 감정을 알아볼 수 있다. 나는 아이의 엄마에게 아이가 받고 있는 스트레스를 얘기하며 엄마가 아이를 다시 데려가서 키울 것을 권유했다.

아이가 말로 표현하기 어려울 때 엄마가 적절하게 그 감정을 읽어 주어야 한다. 그리고 해결책을 찾아봐야 하는 것이다. 아이의 엄마는 가족들과 상의 끝에 아이를 다시 집에 데려가기로 했고 할머니가 집에 오셔서 아이를 봐 주기로 했다. 아이는 눈에 띄게 좋아졌으며 유치원에서 공격적인 행동을 하는 것도 많이 줄어들었다. 지금은 동생을 누구보다 챙기며 사랑하고 있다.

감정 표현을 제대로 하는 아이로 키우자. 감정 표현을 잘하는 아이가 자신의 감정을 잘 조절할 수 있다. 감정을 잘 조절하는 아이가 자신의 가치를 스스로 높일 수 있다. 자신을 누구보다 소중하게 생각하게 되는 것이다. 아이가 말로 자신의 얘기를 할 때 엄마는 그 이야기를 충분히 잘 듣고 있으며 공감하고 있다는 것을 보여 주어야 한다. 경청하는 엄마의 모습을 보면서 아이는 버틸 힘을 가지게 된다.

엄마와 아이를 위한 마음 챙김

완벽한 아이로 키우겠다는 생각은 버려라

03

완벽한 사람은 없다. 부모조차도 완벽하지 않은데 완벽한 아이로 키우겠다는 생각은 맞지 않는 생각이다. 엄마의 마음속에 있는 아이의 모습을 버려야 한다. 엄마들은 자기도 모르게 여러 가지 아이의 모습을 섞어 가장 이상적인 아이의 모습을 마음속에 만들어 낸다. 그 마음은 욕심이 되어 내 아이가 누구보다 완벽하게 자라기를 바라게 되고 아이를 밀어붙이게 되는 것이다.

아이에게 완벽함을 강요하지 말자

아이는 아이이다. 아이는 아직 성숙하지 못한 존재이다. 아이에게는 아직 많은 약점이 있을 수 있다. 아이는 성장하면서 그 약점을 스스로 극복하고 강점으로 만들도록 끊임없이 노력할 것이다. 하지만 누군가가 자꾸만 옆에서 다그치면 아이는 쉽게 지치고 포기하게 된다.

요즘 아무것도 하기 싫다는 중학생 아이가 있다. 아이는 휴대폰을 끼고 살고 있다. 아이는 일명 모범생이라고 불리는 아이였다. 공부도 잘했고 친구들과의 관계도 좋았다. 하지만 어느 순간부터인가 공부를 하기 싫어하는 것이었다. 친구들 사이에서도 자꾸만 마찰이 생겼다.

아이의 엄마는 걱정되기 시작한다. 아이가 성적이 떨어지니 불안한 것이다. 엄마가 불안하니 아이도 불안하다. 공부를 잘하고 싶은데 하기가 싫은 것이다. 그 아이는 나에게 "천천히 가고 싶다."라는 말을 했다. 그리곤 "엄마가 너무 부담스럽다."라고 밀했다.

뭐가 문제일까? 왜 잘하던 아이가 아무것도 하기 싫어진 걸까? 아이는 어렸을 때부터 엄마의 기대에 한 번도 부응하지 못한 적이 없었다. 직장에 다니는 엄마가 걱정하지 않도록 스스로 알아서 모든 것을 해 갔다. 반에서 1등은 도맡아서 했으며 친구들 사이에서도 언제나 인기가 많았다.

하지만 엄마의 욕심은 여기서 끝나지 않았다. 항상 아이에게 더 나은 모습을 기대하고는 했다. 직장에 다니는 바쁜 엄마는 아이의 기분과 감정을 살필 여유가 없었다. 집에 오면 아이가 하루 동안 한 과제를 체크했다.

과제를 조금만 미뤘다가는 그 즉시 엄마의 불호령이 떨어졌다. 바쁜 엄마는 항상 시간에 쫓겼기 때문에 아이가 좀 더 잘할 수 있도록 더 밀어붙일 필요가 있다고 생각한 것이다. 아이는 엄마의 기분이 좋아지길 바라면서 과제를 충실히 해 놓았다. 그러면 힘들게 일하고 들어온 엄마가 기분이 좋지 않을까 싶어서였다.

하지만 중학교를 가고 사춘기가 되면서 엄마의 행동이 맞지 않다는 생각이 들었다는 것이다. 엄마의 다그치는 소리가 더 이상 듣기 싫었다. 엄마는 자기의 기분 따위는 전혀 신경 쓰지 않는다는 것이다. 아이는 자기는 엄마의 인형이 아니라고 말했다. 엄마 말대로 하는 게 더 이상은 싫다는 것이다.

엄마와 얘기를 해 봤다. 엄마는 자기가 바빠 아이를 잘 돌보지 못하는 것 같아 아이한테 많이 미안했다. 자기의 빈 자리가 보이지 않게 아이가 더 완벽해질 수 있도록 다그쳤다는 것이다. 하지만 지금도 아이가 성적이 떨어진 것을 많이 속상해했다. 여전히 아이가 공부를 잘하는 것이 제일 완벽한 모습이라고 생각하는 것이다.

내 안의 나와 마주하기

나는 우선 아이를 완벽하게 키워야 한다는 생각부터 바꾸어야 아이도 바뀔 수 있을 거라고 말했다. 엄마는 그 말을 이해할 수 없었다. 나는 엄마한테 엄마의 어린 시절에 대해 물어봤다. 자기는 장녀로 태어났는데 동생들을 돌보는 엄마를 돕는 것이 당연하다고 생각하며 도왔다고 한다. 지금도 엄마의 오른팔이 되어 엄마를 도와주고 있다는 것이다.

나는 아이로서는 어떤 아이였는지 물어봤다. 공부도 잘 못하고 소심한 아이였다고 말한다. 그래서 자기는 공부를 잘하고 인기 있는 아이들이 부러웠다는 것이다. 엄마의 마음도 충분히 이해가 되었다. 엄마는 자신이 가지지 못한 것들을 아이한테 기대했던 것이다. 완벽하지 못했다고 생각했던 자기의 모습을 아이에게 기대했던 것이다. 하지만 나는 이것은 잘못된 생각이라고 말했다.

엄마가 자기 모습 그대로 인정을 못해서 힘들었듯이 아이도 자기 모습 그대로 인정받지 못해 슬플 거라고 얘기했다. 엄마가 자신의 부족한 모습을 인정하는 것이 필요하듯이 아이의 있는 그대로의 모습을 인정할 필요가 있다고 말했다. 그리고 조급해할 것은 하나도 없다고 말했다.

아이에게는 앞으로 발전할 수 있는 많은 기회와 시간이 있다. 엄마가 조급하고 불안해하면 할수록 아이도 불안을 느낀다. 엄마의 불안을 그대로 복사하는 것이다. 그러면 스스로 성장할 수 있는 기회들을 불안한 감정들에 휩싸인 채로 놓치게 된다. 엄마의 요구를 따라갈 수 없어 회피할 수 있는 공간들을 찾는다. 그것이 이 아이에게는 스마트폰이 된 것이다. 그것을 보고 있으면 세상을 잊을 수 있어서 마음이 편한 것이다.

엄마는 어떻게 하면 좋을지 내게 물었다. 나는 엄마가 변하면 아이도 자연스럽게 변할 수 있을 거라고 말했다. 그러기 위해서는 그냥 아이를 놔두고 지켜보라고 말했다. 물론 쉽지 않을 거라는 말도 했다. 아이의 행동이 눈에 계속 밟힐 것이기 때문이다.

나는 엄마에게 조급한 마음을 내려놓고 아이가 어떻게 바뀌는지 한 발 떨어져서 바라볼 것을 제안했다. 엄마는 그렇게 할 것을 약속하고 아이와 돌아갔다. 몇 주가 지나고 아이는 많이 편한 모습이었다. 아이는 엄마가 더 이상 자신을 다그치지 않는다고 말했다. 나는 그래서 기분이 어떠냐고 물으니 "살 것 같다."라고 대답했다.

엄마한테도 물어보니 자기를 내려놓는 연습을 하고 있었다고 한다. 어렸을 때 자신의 모습을 생각해 보니 자기도 참 모자란 존재였고 그냥 아이였다는 것이다. 그렇게 생각하고 아이를 보니 너무나 사랑스러운 어린아이가 보였다는 것이다.

아이의 실수에도 관대해졌다. 그러니 신기하게도 아이가 자기 말을 다시 듣기 시작했다는 것이다. 나는 이제 아이에게 행동의 한계를 지어 주는 것이 필요하다고 했다. 자신을 믿고 바라봐 주는 엄마에게 신뢰가 생기니 엄마에 대한 믿음이 생긴 것이다. 그래서 아이는 엄마의 말을 듣기 시작한 것이었다.

휴대폰을 아예 못하게 하는 것은 아이에게 반항심만 들도록 할 것이기 때문에 시간을 정해 주는 것이 좋다고 얘기했다. 예를 들어 숙제를 하고 나면 아이에게 휴대폰을 할 시간을 주는 것이다. 아이에게 해야 할 것을 한 뒤에는 자유를 즐길 수 있는 기분을 느끼게 해 주는 것이다.

요즘 부모들은 굉장히 조급할 수밖에 없는 환경에 노출되어 있다. 학원은 엄마들에게 불안을 조성한다. '공부를 웬만큼 잘하지 않으면 인(in)서울에 있는 대학을 못 간다.'는 말이 공공연하게 퍼져 있다. 그런 말은 엄마를 더 조급하게 만들며 내 아이가 뭐든지 완벽해야 한다는 마음을 부추긴다.

하지만 공부 말고도 아이는 앞으로의 인생에서 넘어야 할 산이 많다. 그 산을 잘 넘어갈 수 있는 힘을 키워 주어야 하는데 엄마들의 그런 마음은 아이의 인생에 아무런 도움이 되지 않는 마음이다.

허물이 많은 아이가 내 아이이다. 아직 서툰 게 많은 아이가 내 아이인 것이다. 그런 아이를 완벽하게 키워야 한다는 생각을 버리자. 그러기 위해서는 엄마가 자신의 불안을 스스로 다스려야 한다. 엄마가 자신의 불안을 아이에게 전하면 아이는 견디기 힘들어진다. 앞으로 넘어야 할 산들을 넘을 시도조차 못하게 만들 수 있다.

아이 역시 불안하다. 미래에 대한 불안이 있다. 자기가 어떤 사람이 될지, 어떻게 살아갈지 걱정된다. 자신이 친구들에게 뒤처진다거나, 자기보다 공부를 잘하는 아이를 보면 속상해하고 왜 자신은 그렇게 못하는지 스스로를 한심하게 여기기도 한다. 아이의 이런 불안한 마음을 위로해 주고 다독여 주는 것이 필요하다. 완벽한 사람으로 키우기 위해 노력하기보다는 오늘 내 아이를 위해 아이의 그 속상하고 힘든 마음을 어루만져 주자. 그것이 내 아이와 함께 행복하게 살아가는 방법이다.

제대로 화낼 줄 아는 아이로 키워라

04

어느 중학교에 유명한 문제아가 있었다. 어느 날, 그 아이는 화를 참지 못하고 복도에 세워져 있는 소화기를 가지고 교실에 들어가 분사했다. 선생님이 자기를 무시하는 발언을 했다는 이유에서였다. 아이는 그 행동으로 정학 처분을 받았다.

무엇이 그렇게 아이의 분노를 참지 못하게 만들었을까? 그 아이는 왜 그런 방법을 써서 자신의 분노를 표현했어야 했는가. 아이는 자신의 감정을 왜 그런 식으로밖에 표현할 수 없었는지 알아볼 필요가 있다.

아이가 화를 참지 못하고 저렇게까지 자신의 감정을 표출하기까지는 많은 징후가 있었을 것이다. 평소 씩씩거린다든지, 화를 낸다든지 하는 행동으로 자신의 감정을 표현해 왔을 것이다. 하지만 아이의 감정을 아무도 읽어 주고 공감해 주는 사람이 없으니 아이는 자신의 감정이 무시당한다고 생각했을 것이다. 아이가 화를 풀어 갈 방법이 없었던 것이다. 그러다 보니 그 화는 고스란히 아이의 마음속에 억눌려 쌓이게 되었다.

엎친 데 덮친 격으로 선생님이 아이의 감정을 이해하지 못하고 무시하는 말까지 했으니 아이는 자신의 억눌렸던 감정들의 열림 버튼 스위치를 눌러 버린 것이다. 그래서 그런 돌이 킬 수 없는 행동을 한 것이다. 평소 부모나 선생님으로부터 자신의 감정을 지지받는 경험을 하지 못한 아이는 쌓아 온 감정이 스트레스가 되고 그것이 분노로 되어 터져 나오기도 한다.

사람들은 아이의 행동을 보고 그 아이의 모든 깃을 판단하는 경우가 있다. 그렇게 생각하는 것이 덜 귀찮기 때문이다. 신경 써야 할 아이들은 많고 그렇게 해 줄 수 있는 사람들은 한정되어 있다. 문제 행동을 많이 하는 아이를 '문제아'라고 생각하며 한쪽 구석에다 방치하는 편이 더 편하기 때문이다.

만약 어렸을 때부터 아이의 행동이 어떤 감정으로부터 나온 것이라는 생각을 해 주고 아이와 대화를 통해 공감해 주었다면 아이가 자신의 감정을 다스리는 데 많은 도움이 되었을 것이다. 부모가 아이의 감정을 알아차려 주지 못하면 선생님이라도 그렇게 해 주면 좋았겠지만 아쉽게도 아이의 주변에는 그런 사람이 없었던 것 같다. 아이가 저런 행동을 했을 때까지 많이 힘들었을 것을 생각하면 참 안타까운 일이 아닐 수 없다.

억눌렸던 감정을 재료에 표현했던 아이

미술치료실에서는 미술이라는 분야의 특성상 다양한 재료가 있다. 그러나 모든 아이들이 재료를 능숙하게 다루는 것은 아니다. 재료를 잘 다루어 재미있게 작업하는 아이가 있는 반면, 재료의 특성 자체를 이해하지 못하는 아이도 있다. 그래서 후자의 특성을 가진 아이를 만나면 재료의 성질부터 설명해 준다. 그러면 아이는 그 재료를 만지고 사용하는 경험을 통해 배워 간다.

재료들을 사용하는데 자기 마음대로 만들어지지 않으면 유독 화를 내는 아이가 있었다. 그 아이는 어쩔 때는 재료들을 던지거나 완성된 작품을 망가트려 쓰레기통에 버리고 가기도 했다. 아이는 잘하고 싶은 마음은 큰데 그만큼 능력이 따라 주지 않아 화가 난 것이다. 잘하고 싶은 마음이 큰 만큼 화도 많이 나는 것이다.

몇 번을 그러더니 어느 날은 아예 아무것도 만들려고 하지 않았다. 아이가 잘하고 싶어 하는 마음을 알기에 우선 아이를 지켜보기로 했다. 그리고 쉽게 만들 수 있지만 완성되면 외관상 큰 효과를 볼 수 있는 재료들을 구입했다.

아이는 역시나 재료들에 흥미를 보였다. 아이는 쉽사리 만들지 못하고 재료를 만지작만지작하기만 했다. 아이는 또 실패하면 어쩌나 두려웠던 것이다. 나는 그 재료를 가지고 먼저 만들어 보이기 시작했다. 아이는 호기심을 보이며 내가 만드는 것을 쳐다보았다. 한참을 지켜보던 아이는 "선생님, 이제는 제가 해 볼래요."라고 말했다.

나는 내가 만들던 것을 아이에게 주었다. 아이는 기쁜 마음으로 그것을 들고 완성해 나갔다. 완성하고 나서 아이는 뿌듯한 모습으로 작품을 쳐다보더니 "선생님, 이거 오늘 가져가도 되요?"라고 물어보았다. 지금까지 만들었던 작품은 모두 두고 갔는데 작품을 가져가겠다고 하니 여간 반가운 일이 아닐 수 없었다. 아이는 내가 그러라고 하자 신나서 그것을 마치 보물이라도 되는 양 조심스럽게 가져갔다.

다음 주에 여전히 아이는 불안한 모습이었다. 저번 주에 만든 것처럼 잘 만들고 싶은 것이었다. 마음이 불안하니 산만했다. 이리저리 돌아다니며 재료들을 하나하나 만져 보기를 반복했다. 아이는 자기가 원하는 재료들을 가져와 책상에 늘어놓았다. 나는 아이를 격려해 주면서 만드는 과정이 어렵지 않도록 도와주었다. 아이가 성취감을 느낄 수 있도록 해 주었다.

아이는 "에이, 이거 쉽네."라는 말을 자주 했다. 그동안 자기가 잘하고 싶은 마음에서 보인, 나름대로 화를 다스리는 말이었다. 나는 이때를 놓치지 않고 얘기했다. "맞아, 어려운 건 하나도 없어. 여기는 네가 잘하지 않아도 되는 곳이야. 마음 편히 만들어." 그 이후로 아이는 조금씩 달라지기 시작했다. 만들다가 실패해도 전보다 화를 내지 않았다. 재료가 자기 마음대로 표현되지 않아도 재료를 던지거나 하는 행동도 하지 않았다.

엄마와 아이를 위한 마음 챙김

아이는 어디를 가나 무엇을 하든지 잘해야 한다는 생각이 강한 아이였다. 그러니 아이는 작은 실수 하나도 용납할 수 없게 되었다. 아이는 작품을 만들 때마다 잘해야 한다는 마음이 스트레스가 되었고 작품을 망가트리거나 재료를 쓰레기통에 던져 버리는 행동으로 화를 표출한 것이었다. 아이는 미술치료실에서 잘해야 한다는 부담감을 벗어 버렸고, 만드는 것 자체의 즐거움을 알게 되었다.

같이 화내지 않기

아이가 화를 내면 엄마가 같이 화내는 경우가 많다. 화가 난 아이보다 아이의 그런 행동이 먼저 보이기 때문이다. 아이가 화가 나서 문이라도 세게 닫으면 엄마들은 득달같이 달려가 "문 열어! 어디서 문을 그렇게 닫아!"라고 소리친다.

아이는 엄마한테 혼나지 않으려고 한동안은 잠잠하겠지만 그 억눌린 감정은 언젠가는 더 크게 표출될 수 있다. 아이의 행동을 보기 전에 아이가 왜 화가 났는지, 그 감정이 뭔지 알아보아야 한다. 물론 쉬운 일은 아니다. 엄마들은 이러다가 엄마의 권위가 떨어지는 것은 아닌가 걱정되기도 한다. 엄마의 권위는 그렇게 쉽게 떨어지지 않는다. 권위는 아이들이 정당하다고 생각될 때 지켜지는 것이다. 아이를 혼내는 것이 권위를 지키는 것이 결코 아니다.

우선 아이가 화가 어느 정도 풀릴 때까지 기다려 준다. 우리도 화가 났을 때는 좋은 말을 해 줘도 귀에 들리지 않는다. 아이가 어느 정도 화가 풀어졌을 때 아이에게 왜 그렇게 화가 났는지 물어봐 주는 것이 좋다. 왜 화가 났는지 아이가 하는 이야기를 잘 들어 주고 공감해 준다. 아이의 화를 감싸 주는 것이다. 만약 아이가 화로 인해 공격성이 나왔다면 행동의 한계를 지어 주는 것도 좋다.

화를 내는 이유에는 여러 가지가 있을 수 있다. 앞의 이야기처럼 자신의 감정이 무시당하거나 잘하고 싶은 마음에 화를 낼 수 있다. 또 슬퍼서 화를 낼 수도 있다. 아이의 감정은 다양하기 때문에 딱 꼬집어 무엇 때문에 화가 났다고 말할 수 없을지도 모른다. 우리는 그것을 알아차려 줄 필요가 있다. 때로는 복잡미묘할 수도 있는 우리의 감정을 아이가 잘 다룰 수 있도록 이끌어 주는 것이 중요하다.

그러려면 평소 아이와 놀이를 하면서 아이가 다양한 감정들을 경험하게 하는 것이 좋다. 아이는 자신의 감정을 놀이를 통해 알아가거나 자연스럽게 해소할 수 있다. 화를 내는 것은 나쁜 것이 아니다. 그것을 억누르거나 감추는 것이 더 좋지 않다. 아이가 적절한 방법으로 자신의 화를 표현할 수 있는 방법을 찾아야 한다. 그 첫 번째가 엄마가 아이의 감정을 알아차리고 읽어 주며 공감해 주는 것이다. 제대로 화를 내는 아이로 키워라. 그러면 아이는 건강한 삶을 살아가게 될 것이다.

엄마와 아이를 위한 마음 챙김

언제나 당당하고 단단한 아이로 키워라

05

아이가 언제나 어떠한 상황에서라도 당당하고 단단하다면 얼마나 좋을까. 그것은 모든 엄마의 바람일 것이다. 나 또한 그렇다. 내 아이가 어디를 가든지 위축되지 않고 당당한 모습으로 있을 수 있다면 그것만큼 흐뭇한 일도 없을 것이다.

그러기 위해서 아이들은 많은 경험을 해야 한다. 다소 위험해 보여도 그것을 이겨 내면 아이들은 힘을 얻게 된다. 아이들은 자라면서 많은 것들을 해낼 수 있는 기회들을 가지게 된다. 그런 기회들에 어떻게 대처할지를 배웠다면 아이들은 그 기회들을 통해서 더욱더 당당하고 단단하게 성장할 수 있을 것이다.

사람들의 눈치를 많이 보는 아이가 있다. 어디를 가나 눈치 보기 바쁘다. 그렇다 보니 자신의 의견을 내놓는다는 것은 상상할 수조차 없다. 언제나 뒤에서 누군가가 알아서 해결해 주면 좋겠다는 생각을 하며 숨어 있다.

아이는 자신감이 없는 것이다. 그림을 그릴 때도 마찬가지다. 형태를 작게 그리고, 도화지 구석에다 그림을 그린다. 크게 그리는 것이 힘들다. 형태의 크기가 커지면 그 크기에 압도당해 그것을 어떻게 표현해야 할지 모르기 때문이다. 만들기도 마찬가지였다. 형태가 크지 않으며 다양한 색깔도 과감히 쓰지 못한다.

나는 엄마를 만나고 그 아이가 왜 그렇게 자신감이 없는지 알게 되었다. 엄마는 아이가 어렸을 때부터 아이의 일거수일투족을 감시하듯이 바라보는 엄마였다. 잘못된 행동이라도 하면 지적하기 바쁘다. 아이보다 주변 눈치를 더 살피고, 아이가 사람들로부터 안 좋은 말이라도 들을까 미리부터 행동에 제약을 가한다.

엄마는 "하지 마! 안 돼!"라는 말을 입에 달고 산다. 아이의 행동이 주변에 미칠 영향을 미리 점치는 것이다. 엄마의 말은 이렇다.

"제 아이는 어렸을 때부터 소심한 아이라 친구들에게 괴롭힘을 많이 당했어요. 저는 그걸 견딜 수가 없었어요. 아이가 소심한 행동을 하면 그런 모습을 보는 게 힘들어요. 그래서 제가 나서는 거죠."

하지만 그런 엄마의 의도는 아이에게 좋지 않은 영향을 끼쳤다.

아이를 위한다고 했던 엄마의 행동이 오히려 아이 스스로 그런 상황을 극복하지 못하게 만든 것이다. 그러니 아이가 남의 눈치를 보며 당당하지 못한 것이다.

당당히 맞서게 만들자

세상은 다양한 위험이 도사리고 있는 곳이다. 아이는 엄마의 손이 닿지 않는 곳에 있을 수도 있다. 하지만 그런 위험한 상황들은 아이가 도전하게 하고, 두려움을 이기게 하며, 슬픔에도 당당히 맞서게 한다. 이 모든 것들은 아이가 스스로 그것들을 극복할 때 가능한 것이다. 두려움과 슬픔을 있는 그대로 경험하고 나면 아이는 그런 것들을 이겨 낼 힘을 얻게 된다. 그 힘은 아이가 살아가면서 당당하고 단단하게 살 수 있는 근원이 된다.

아이들은 성공을 경험하며 자신감을 얻는다. 예를 들어 우리가 어떤 요리를 하는 데 성공했다고 치자. 우리는 그 요리에 대한 자신감을 갖게 된다. 사람들에게 대접해도 손색이 없을 맛있는 요리를 만들게 된 것이다. 그 자신감은 다른 요리를 만들어도 적용된다. 그 기억을 되살리며 여러 가지 재료를 사용해서 새로운 요리에 도전해 보는 것이다. 실패해도 상관없다. 한 번 성공한 기억이 있으니 언젠가는 맛있는 요리가 될 거라는 확신이 있기 때문이다.

아이들도 마찬가지다. 성공의 경험을 하면 아이는 자신감을 가지게 된다. 성공했던 순간들을 기억해 낸다. 그래서 새로운 것들에

도전하는 것에 겁이 없어진다. 실패를 한다 해도 괜찮다. 다시 도전하면 그렇게 할 수 있을 거라는 믿음이 생긴 것이다. 엄마가 옆에서 칭찬이라도 해 주면 더 힘이 난다. 나는 어떠한 것도 해낼 수 있을 거라는 자기 자신에 대한 믿음이 생긴다. 매사에 당당해질 수 있는 것이다.

많은 경험에 아이를 노출시키자

내 딸은 겁이 없는 편이다. 어쩔 때는 나를 다독이며 "괜찮을 거야."라고 말해 주기도 한다. 내 딸이 처음부터 겁이 없었던 것은 아니다. 내 딸은 그렇게 되기까지 많은 걸 경험했다. 아이한테 가장 큰 자신감을 준 것은 '서핑'이었다.

나는 수영을 잘하지 못한다. 그래서 내 딸은 물을 무서워하지 않는 아이가 될 수 있도록 도와주고 싶었다. 서핑이 재미도 있고 아이한테 좋을 거 같아 아이를 데리고 날이 따뜻할 때는 서핑을 하러 갔다. 아이도 처음에는 바다를 무서워했다. 나는 괜찮다는 것을 보여 주기 위해 수영을 하지 못해도 바다에 들어가 같이 하려 했다. 아이는 그런 내 모습을 보고 용기를 얻었다. 물을 무서워하는 엄마보다 잘하고 싶은 마음도 있었을 것이다.

바다에 빠지고 짠 바닷물을 마시기도 했지만 다시 일어나서 서핑 보드에 올라탔다. 나는 그 모습을 칭찬하고 격려해 주었다. 그렇게 아이는 몇 번이고 다시 일어나 보드에 올라탔다. 그랬던 아이가

엄마와 아이를 위한 마음 챙김

서핑 대회에서 예선 통과를 한 것이다. 잘하는 아이들이 많은 대회에서 초보자가 예선을 통과를 한 것은 이례적인 일이었다. 서핑 보드에 올라타는 것이 목표였던 아이는 그것이 성공하자 하나씩 더 어려운 것들에 도전했고, 서핑 대회 예선 통과라는 큰 성공을 경험한 것이다.

나는 그 이후로 아이가 새로운 일에 도전하기를 두려워하면 그 일을 상기시켜 준다. 아이는 그때 성공했던 것을 기억하며 다른 일에도 도전한다. 몇 번을 넘어져도 다시 일어날 수 있다는 것을 알기 때문에 무서워하지 않는다.

아이들에게 어떤 것이든 성공할 기회를 주어야 한다. 엄마가 미리부터 걱정해 아이가 성취감을 가질 기회들을 나서서 막으면 안 되는 것이다. 내가 물을 무서워한다고 해서 아이에게 서핑을 못하게 했으면 어땠을까? 아이는 도전해서 성공할 수 있는 좋은 기회를 나로 인해 박탈당했을 것이다.

아이가 소심한 성격이라고 해서 아무것도 도전을 못하는 것은 아니다. 실패를 해서 아이가 더 소심하게 될까 봐 걱정하지 않아도 된다. 세상에는 아이가 도전할 것들이 널려 있기 때문이다. 아주 작은 것부터 큰 것까지 아이들에게 기회는 넘쳐난다. 내 아이가 소심하다면 세상으로부터 내 아이를 지킬 것이 아니라 아이가 세상을 마주 볼 수 있게 해 주어야 한다. 아이가 작은 성공을 통해서 '할 수 있다'라는 믿음을 갖게 되면 천천히 가는 아이라도 성공의 기쁨을 얻을 수 있는 것이다.

작은 것부터 성공할 수 있도록 엄마는 격려해 주고, 그것을 성공으로 이끌어 냈을 때 칭찬해 주자. 그러면 아이는 자기 자신에 대한 믿음이 생기고, 더 큰 것들에 도전해 볼 용기가 생길 것이다.

언제나 당당하고 단단한 아이로 키우는 것은 어렵지 않다. 내 아이에게 많은 기회들을 경험할 수 있게 해 보는 것으로 시작해 보자. 아이가 그것을 어렵고 힘든 일이라고 규정짓지 않도록 용기를 주면 되는 것이다. 아이가 발전한 모습을 보였다면 칭찬해 주자. 나는 그것을 '폭풍 칭찬'이라고 말한다. 폭풍처럼 거세게 칭찬해 주라는 뜻이다. 그러면 아이는 더 노력하는 모습을 보여 줄 것이다. 어제보다 오늘, 오늘보다 내일, 내 아이는 더 당당하고 단단한 아이로 자랄 것이다.

주변 상황에 흔들리지 않는 아이로 키워라

06

주변 상황에 흔들리지 않는 아이는 어떤 아이일까? 바로 '나'에 대한 신념이 바로 서 있는 아이이다. 슬픈 일이 있어도, 힘든 일이 있어도 그런 아이는 쉽게 흔들리며 좌절하지 않는다. 다시 일어설 수 있다는 자기 자신에 대한 믿음이 있기 때문이다.

자신에 대한 믿음이 있는 아이들은 어떻게 해야 문제를 잘 해결할 수 있을지 알고 있다. 주변 상황이 어떻든 자신을 믿고 앞으로 나아가는 것이다. 그 믿음은 어디서부터 생긴 것일까? 바로 가정에서부터이다. 어릴 때부터 자신의 감정에 대해 이해와 공감을 받고 자라 문제 해결 능력이 있는 아이들은 상대적으로 자존감이 높다. 자존감이 높은 아이들은 어떠한 환경에 처해도 쉽게 흔들리지 않는다.

외부 환경에 따라 감정 기복이 심한 아이가 있다. 아이는 그날 하루의 기분에 따라 행동한다. 학원 숙제가 많은 날은 스트레스로 밤 잠을 설친다. 숙제를 다 하면 마음은 편해지지만 다른 불편한 상황이 생기면 또 마음이 불편하다. 자기가 상황을 이끄는 것이 아니라, 상황이 자기를 이끄는 것이다. 그런 상황들이 아이에게는 여간 불편한 것이 아닐 수 없다. 세상에는 다 불편한 일들만 넘쳐난다고 생각한다.

아이는 그런 상황들에 대한 통제력을 상실하고 무기력해진다. 자기는 아무것도 잘하는 게 없는 아이라고 생각한다. 그러니 어떤 일에 도전할 자신이 없어진다. 자신의 가치를 알고 자존감이 높은 아이들은 자신이 어떻게 해야 이 상황들을 해결할 수 있는지 잘 알고 있다. 상황에 대한 통제력을 가지게 되는 것이다. 아이가 이렇게 되기 위해서는 먼저 감정을 읽어 주고 공감해 주는 것이 중요하다. 그리고 어떻게 해결할 건지는 아이에게 선택권을 주는 것이다. 스스로 해결책을 찾도록 이끌어 줄 때 그것이 정말 자기 것이 되는 것이다.

아이들이 손을 내밀기 전에 아이의 모든 것을 해 주는 엄마들이 있다. 아이가 혹여나 다칠까, 상처받을까 걱정해 대신 아이의 모든 것을 해 주려는 것이다. 하지만 세상을 살아가다 보면 여러 가지 어려움이 없을 수가 없다. 엄마가 아무리 보호해 주고 싶어도 그렇지 못할 경우가 부지기수로 생기는 것이 아이의 인생이다. 이러한 인생 가운데서 아이가 두려움에 맞서고 스스로 극복할 수 있을 때 아이는 더 강해지는 것이다. 자신의 인생에 대해 버틸 힘이 생기는 것이다.

상황에 따라 쉽게 흔들리는 아이

학교를 가기 싫어하는 아이가 있다. 학교에서 시험이라도 있으면 아이는 학교를 가지 않겠다고 아침부터 운다. 상황에 쉽게 흔들리는 것이다. 시험을 본다는 그 상황을 아이는 견딜 수 없는 것이다. 문제를 해결하기보다는 그 상황을 회피하고 싶은 마음이 더 큰 것이다.

그럴 때 엄마들은 아이를 다그치며 억지로 학교에 보낸다. 그러고 나면 엄마의 마음은 편해질까? 아니다. 아이 또한 편치 않다. 지금 상황을 어찌어찌 모면한다고 해도 이런 상황은 또 일어나리라는 것을 엄마도 아이도 알고 있기 때문이다.

우선 아이의 마음을 들여다보는 것이 필요하다. 아이는 '시험'이라는 것에 대해 스트레스를 많이 받아 하고 있는 것이다. 그러니 시험을 보는 오늘 같은 상황을 아이는 견디기 힘들 것이다. 어떻게 하면 좋을까? 평소 아이가 견디기 힘든 상황에 맞설 수 있는 힘을 기르도록 도와주어야 한다. 아이에게 상황에 대한 '해결책'을 스스로 만들어 낼 수 있도록 기회를 주는 것이다.

아이가 시험을 피한다고 해결될 일이 아니라는 것을 알게 해야 한다. 아이가 스스로 해결책을 선택할 수 있으려면 아이를 믿어 주는 것이 중요하다. 아이가 시험을 보는 것에 스트레스를 받으면 "진작 공부 좀 하지 그랬니? 그렇게 놀더니 잘 됐다."라는 말을 하기 이전에 "스트레스를 많이 받았구나. 엄마도 시험이 있는 날은 많이 긴장하고 시험 보기 싫었어. 그래서 그런 게 싫어서 미리 공부를 했지. 앞으로는 좀 더 미리 준비를 하고 시험을 보러 갈까?"라고 조언을 해 줄 수 있다.

아이는 자신의 힘든 감정을 공감받았다고 생각하고 한결 마음이 부드러워진다. 그리고 그때 엄마 말도 들리기 시작한다. 아이는 생각한다. '다음에는 시험 준비를 미리 해야겠다.' 이렇게 해결할 수 있는 방법을 스스로 생각해 보는 것이다. 해결책이 생기면 아이는 그것을 행동으로 옮겨 본다. 그리고 어떠한 결과가 나올지 스스로를 시험하는 것이다.

만약 다그치기만 하고 조언을 해 주지 않았다면 아이는 앞으로 스트레스 받는 일이 있을 때마다 피하고 싶은 마음이 생겼을 것이다. 하지만 조언에 따라 해결책을 모색한 아이는 앞으로는 스스로 더 나은 상황을 선택하게 된다. 그리고 그 선택에 따라 행동하게 된다.

아이가 스스로 문제를 해결했을 때 엄마는 칭찬으로 아이의 행동을 더 강화할 수 있다. 그리고 그런 선택을 한 아이에 대한 믿음을 가지고 있다고 아이에게 확신의 말을 건네 줄 수도 있다. 아이는 엄마의 칭찬에 자신감이 생기고 이와 같은 상황들을 극복하는 과정에서 스스로 선택을 할 수 있었다는 자기 자신에 대한 자신감을 가지게 된다. 자존감이 높아지는 순간이다.

아이가 잘못된 선택을 했다고 해서 안타까워할 필요는 없다. 아이는 그 실수들을 통해서 어떤 것을 더 보충해야 다음에는 이런 실수를 되풀이하지 않을지 스스로 생각을 하게 되니까 말이다. 그 과정

엄마와 아이를 위한 마음 챙김

을 통해 배우고 다시 일어나는 연습을 해서 앞으로 나아가면 된다.

그러니 옆에서 조급해할 필요 없다. 엄마가 조급해하고 불안해하면 아이는 엄마 눈치를 보면서 스스로 선택하기를 포기할 수 있기 때문이다. 자신이 무언가를 결정한다는 것에 대해 부담감을 느낄 수도 있다. 아이를 믿어 주고 아이가 올바른 선택을 할 때는 옆에서 같이 기뻐해 주고, 아이가 실수를 했을 때는 격려해 주면 되는 것이다.

미술치료실에서도 마찬가지다. 재료가 자기 마음처럼 다뤄지지 않을 때가 있다. 아이가 여러 재료를 써서 만들 때는 실수도 하게 된다. 아이는 그 과정을 통해서 재료들을 어떻게 다뤄야 할지 알아가는 것이다. 그리고 자신의 작품을 멋지게 만드는 경험을 통해서 아이들은 배우게 된다. 실패가 있으면 성공도 있다는 것을.

나중에는 어떤 재료가 앞에 놓여 있어도 잘할 수 있다는 자기에 대한 확신이 생기는 것이다. 이렇게 자기에 대한 믿음은 누가 만들어 주는 것이 아니라 시행착오를 통해 스스로 느끼는 것이다.

아이는 자신의 선택이 옳았다는 것을 여러 경험을 통해 믿게 되며 자신의 신념이 생긴다. 자신의 신념이 있는 아이는 주변 상황이 어떻든 쉽게 흔들리지 않는다. 스스로가 해결책을 내놓고 선택을 할 수 있기 때문에 어떠한 상황이든 다른 사람도 아닌 '나' 자신이 그 상황을 바꿀 수 있다고 믿기 때문이다. 아이는 오늘보다 내일 더 나아질 것이다. 엄마는 그것을 믿어야 한다. 엄마의 믿음이 아이와 함께할 때 아이는 오늘도 한 발짝 더 앞으로 나갈 수 있다.

자신을 소중히 생각하는 아이로 키워라

07

죽음에 대해 생각하는 아이들이 있다. 어려서부터 자신의 감정을 이해받지 못하고 공감받지못하면 아이는 자신의 가치를 낮게 보게 된다. 그래서 자신을 사랑하고 소중히 여기지 않는 것이다. 그런 아이들은 자신이 살 가치가 없다고 느끼기도 하고 자살에 대한 생각을 하기도 한다. 자신의 가치는 남이 높여 주는 것이 아니다. 스스로 높이는 것이다. 자신을 가치 있게 생각하는 아이가 다른 사람들한테도 가치 있는 대접을 받는 것이다. 자신을 가치 있게 생각하고 소중히 생각하는 아이로 자랄 수 있도록 엄마의 도움이 필요하다.

중학생 아이를 만났다. 자존감이 굉장히 낮았으며 자신은 살 가치가 없다는 말을 계속했다. 나는 끊임없이 아이를 격려해 주어야 했으며 세상은 살 만한 가치가 있다는 것을 알려 주려고 노력했다. 하지만 아이의 마음은 다시 쉽게 밝아지지 않았다. 그럴 때는 약물의 도움을 받는 것이 좋다. 아이가 자살에 대해서 심각하게 생각할 때는 꼭 가까운 정신과라도 찾아가라고 말하고 싶다.

아이는 그림을 그리면 거의 물이 넘쳐 있는 모습, 비 오는 풍경을 많이 그렸다. 아이의 우울은 어렸을 때 시작되었다. 부모님이 사이가 좋지 않아 매일 싸웠다. 아이가 있든 말든 서로 탓하면서 싸웠다. 그리고 별거가 시작되었다. 엄마는 매일 우울해하며 술을 마셨고 아빠는 집에 들어오지 않았다.

아이는 자신의 감정을 공감해 줄 사람이 없었던 것이다. 엄마가 술을 마시는 날은 아이는 겁이 났다. 엄마마저 아빠처럼 없어져 버릴까 봐 두려웠다. 아이는 자신의 이런 감정을 숨기며 애써 밝은 척 학교를 다녔다. 주위 사람들은 아무도 몰랐다. 아이가 이런 환경에서 자라고 있을 줄 몰랐던 것이다.

하지만 어느 순간부터인가 이런 감정들이 쌓이고 쌓여 더 이상 마음 둘 곳이 없었다. 그것들은 뭉쳐져서 '우울'이라는 감정으로 튀어나왔다. 우울한 아이한테 세상은 더 이상 아름다운 곳이 아니었다. 학교생활은 엉망이 되었다. 감정 조절을 하지 못하고 문제 대처 능력이 없으니 친구들 사이에 끼지 못하게 되었다. 자존감은 낮아졌으며 아이는 자신은 가치 없는 존재이며 살 가치가 없다고 생각한다. 아무도 자신을 이해해 주지 못하고 앞으로도 마찬가지일 것이라고 말한다. 아이가 참 안쓰러웠다.

아이는 약을 먹고 심리치료를 받으며 지금은 아주 좋아졌다. 꿈도 생기고, 하고 싶은 것도 많아졌다. 하지만 언제 다시 찾아올지 모르는 우울한 감정들을 두려워하고 있다. 아이가 마음이 곪아 있는 시간만큼 치료의 시간도 길어진다.

자신의 감정을 읽어 주는 사람이 필요하다

자신을 사랑하고 소중하게 생각하려면 자신에 대해 잘 알고, 있는 그대로의 자신을 받아들일 줄 알아야 한다. 그러려면 먼저 자신의 다양한 감정을 잘 알아차리고 여러 가지 상황에 대처할 수 있어야 한다. 아이들은 어렸을 때는 자신의 감정이 무엇인지 잘 알지 못하기 때문에 부모가 그 역할을 대신해 주어야 한다. 아이의 감정을 읽어 주고 공감해 주며 그 감정을 어떻게 처리해야 하는지 가르쳐 주어야 한다. 아이가 자기 감정에 이끌려 문제 행동을 한다면 아이와 대화를 하고 해결할 수 있는 방법도 함께 찾아봐야 하는 것이다.

일상에서는 엄마가 본보기가 되어 주기도 한다. 엄마가 감정을 조절하면서 상황에 맞게 대처하는 그 행동을 보고 아이들은 배우기도 한다. 만약 부모가 맞벌이로 바빠 아이와 함께 있는 시간이 적거나 부부 사이가 극도로 좋지 않을 경우 이 역할을 적절한 타이밍에 해 주지 못할 수 있다. 그런 가정에서 자란 아이들은 불안하고, 어떠한 상황에 처했을 때 감정을 어떻게 조절해야 할지 모른다.

어렸을 때부터 자신의 감정을 무시당한 아이들이 그냥 있었던 것은 아니다. 자기를 봐 달라고 끊임없이 노력했을 것이다. 떼를 쓰기도 하고 울기도 했을 것이다. 하지만 사람들은 아이들의 그런 마음은 몰라 준 채 아이의 행동만 눈에 보인다. 눈에 거슬리기 때문이다. 당장 그 문제 행동만 고치려 아이를 혼낸다. 문제 행동에 숨은 아이의 마음은 전혀 눈에 들어오지 않는다.

감정을 이해받지 못하는 아이들은 자신의 감정 표현이 나쁜 것이라는 생각을 하게 된다. 감정을 숨기게 되는 것이다. 감정을 계속해서 무시당한 아이들은 자신의 감정 따위는 소중하지 않다고 생각한다. 이것은 결국 자신이 소중하지 않다는 생각으로 바뀐다. 자신을 소중하게 생각하지 않는 아이들은 자신을 막 다룬다. 위험한 상황에 자신을 노출시키기도 하고 자살 충동을 느끼고 그것을 시도해 보려고 하기도 한다.

엄마가 먼저 변해 보자

내 아이가 자신을 소중히 생각하는 사람으로 자라게 하려면 엄마가 먼저 변화해야 한다. 내 아이가 당장 문제 행동을 보인다고 조급해할 필요가 없다. 내 아이의 문제 행동을 보고 뭐라 하는 사람들은 다 남일 뿐이다. 남의 눈치를 보며 내 아이의 문제 행동을 바로잡는다고해서 그 문제 행동이 해결될까? 마음을 들여다보지 않으면 아이는 문제 행동을 계속하게 된다.

자신의 신념을 가지고 아이를 대하는 것이 중요하다. 내 아이를 제일 잘 알 수 있는 사람은 엄마인 나이기 때문이다. 내 아이의 타고난 기질을 파악하고 아이를 어떻게 대해야 할지 생각해 봐야 한다. 아이는 다양한 색깔의 감정들을 가지고 있다. 행동에 숨은 아이의 다양한 감정들을 살피는 것이 무엇보다 중요하다.

그렇기 때문에 아이와의 대화는 무엇보다 중요하다. 아이와 대화를 하려면 아이와 함께 있는 시간을 많이 가져야 한다. 그래야 아이가 숨겨 왔던 얘기도 꺼내게 되기 때문이다. 아이가 어릴 때는 놀이를 통하여 마음을 알아보는 것도 좋은 방법이다. 아이들은 편안한 분위기에서 자기 얘기를 시작하기 때문이다.

엄마가 아이의 눈을 보며 아이의 얘기를 진심으로 듣기 시작할 때 아이는 자신이 사랑받고 존중받고 있다고 느낀다. 내 마음을 알고 싶어 한다는 것은 엄마가 나를 사랑한다는 의미로 생각하기 때문이다. 그렇게 누군가가 나를 사랑하고 존중하고 있다고 느끼면 아이는 자기 자신을 소중하게 생각하게 된다. 그런 소중한 자신을 함부로 대하는 것을 멈출 것이다.

아이가 어렸을 때 찍었던 사진을 보게 하는 것도 좋다. 아이는 사랑받고 자랐으며 충분히 소중한 존재라는 것을 느끼게 해 주는 것이다. 엄마가 항상 아이 편에 서 있다는 것을 느끼게 해야 한다. 그리고 엄마란 힘들고 지치면 기댈 수 있는 사람으로 생각되게 해 주어야 한다. 불편한 존재가 아닌 언제나 내가 필요하면 달려올 수 있는 사람으로 생각되게 해야 한다.

못나도 잘나도 우리는 엄마다. 아이에게는 세상에서 제일 멋진 사람인 것이다. 오늘 아이가 걱정되어 마음이 불편했다면 잠시 그 감정을 털어 버리고 아이의 사랑스러운 모습, 그 자체를 바라보자. 그리고 말해 주는 것이다.

"엄마는 너를 누구보다 사랑한단다. 너는 세상에서 제일 소중한 존재야."

아이는 엄마의 마음을 자기 마음 깊숙한 곳에 저장해 놓으며 그것을 앞으로 행복하게 살아갈 힘으로 만들 것이다.

행복한 엄마가 되다

요즘 엄마들은 마치 내가 아이였을 때 부모로부터 받지 못했던 것들을 보상이라도 하듯 아이들에게 많은 것을 해 줍니다. 하지만 엄마의 심리적 결핍은 엄마 스스로 채워 나가야 합니다. 내 아이가 나와 같다고 생각하면 안 됩니다. 아이는 우리 어릴 때와는 다른 세상에서 살기 때문에 다른 결핍이 있을 수 있습니다. 그래서 아이를 통해 보상받으려고 하면 서로가 힘들어질 수 있습니다.

그러면 아이가 정말 행복하게 살게 해 줄 방법은 무엇일까요? 그것은 좋은 옷, 좋은 음식도 아닌 이 세상을 잘 살아가게 하는 힘을 갖게 하는 것입니다. 그렇다고 아이가 세상에 잘 맞설 수 있도록 강하게, 엄하게 키우라는 건 아닙니다. 아이가 자기 감정을 잘 조절하고, 자신을 소중하게 여기면서 그 소중한 자신이라는 존재로서 세상에서 살아갈 수 있는 힘을 갖게 하라는 것입니다.

그래서 아이와의 감정 공감이 중요합니다. 내 감정을 엄마가 읽어 주며 공감해 줄 때 비로소 아이는 하루하루 잘 살아갈 힘을 갖게 됩니다. 그러기 위해서는 엄마의 삶이 행복해야 합니다. 엄마가 힘들다면 아이의 감정을 읽어 주고 공감해 주기가 힘들기 때문입니다.

삶이란 그리 어려운 것만은 아닙니다. 게임처럼 무수한 퀘스트(게임을 원활하게 진행하기 위해 수행해야 하는 임무나 행동)들을 깨야 하지만, 스스로에게 힘이 있다면 그것들이 그리 어렵게만 느껴지지 않기 때문입니다. 오늘도 내 아이와 함께 힘을 내서 퀘스트를 깨 보는 게 어떨까요? 그리고 그것을 깰 때의 행복을 함께 느껴 보는 것입니다. 변함없는 사실! 엄마가 행복해야 아이도 행복합니다.

엄마와 아이를 위한 마음 챙김